MENTON

SOUS LE RAPPORT

CLIMATOLOGIQUE ET MÉDICAL

OUVRAGES DU MÊME AUTEUR

1° Observations clinico-pathologiques. *Gazette médicale italienne des États-Sardes.* Gênes, 1852.

2° Relation de la fièvre typhoïde qui a régné à Menton en
1854-55, avec planches. *Gazette médicale italienne des États-
Sardes.* Turin, 1855.

3° Observations clinico-pathologiques. *Gazette médicale italienne des États-Sardes.* Turin, 1857.

4° Menton. Essai climatologique. Paris, Baillière, 1863.

5° La vallée de la Nervia et ses Eaux thermales sulfureuses.
Paris, Baillière, 1874.

CORBEIL, typ. et stér. de CRÉTÉ FILS.

MENTON

SOUS LE RAPPORT

CLIMATOLOGIQUE ET MÉDICAL

PAR LE DOCTEUR

JACQUES-FRANÇOIS FARINA

MÉDECIN DE LA VILLE ET DE L'HÔPITAL DE MENTON
CHEVALIER DE LA COURONNE D'ITALIE

PARIS

OCTAVE DOIN, LIBRAIRE-ÉDITEUR

2, Rue Antoine-Dubois

PLACE DE L'ÉCOLE-DE-MÉDECINE

1875

A

M. MÉDECIN

MAIRE DE MENTON

DÉPUTÉ A L'ASSEMBLÉE NATIONALE, CHEVALIER DE LA LÉGION
D'HONNEUR ET DE LA COURONNE D'ITALIE, ETC.

L'idée de l'ouvrage que je publie dans l'intérêt de Menton, et dont je destine le produit au bénéfice de son hôpital, a trouvé un si bon accueil auprès de vous et de ses habitants, que je regarde comme un devoir de vous en faire hommage.

Pénétré, comme vous l'êtes, Monsieur, de l'importance des réformes dont le besoin se fait impérieusement sentir, je ne doute pas que vous ne trouviez, dans la haute position où vous ont placé les suffrages unanimes de votre pays, les moyens de favoriser le développement moral et matériel d'une ville qui vous est si dévouée.

Je serais heureux de pouvoir fixer votre bienveillante attention sur les améliorations que j'indique, et de vous voir accepter le faible témoignage d'estime que vous offre votre tout dévoué serviteur et ami

Dr FARINA.

MENTON, *Janvier* 1875.

MENTON

DESCRIPTION ET CLIMATOLOGIE

DE SES DIFFÉRENTS QUARTIERS.

———————

AUX HABITANTS DE MENTON !

L'importance de Menton comme station d'hiver pour les maladies de la poitrine, a été si bien démontrée depuis plus de vingt ans par les nombreux travaux de médecins éminents et d'écrivains de mérite, qu'il me paraîtrait superflu de revenir sur ce sujet, si je ne devais obéir à des considérations d'un autre ordre.

En 1863, pour payer ma dette de reconnaissance à un pays, où j'avais trouvé pendant quatorze ans l'estime et l'affection de tous, j'ai apporté ma pierre à l'édifice de prospérité et de splendeur que nous rêvons tous pour Menton, en publiant mon *Essai climatologique*.

Après avoir apprécié à leur juste valeur les conditions salutaires des diverses régions de la contrée, j'ai indiqué, sous la forme de conseils, mes appréciations pour l'établissement de nouveaux quartiers.

L'instabilité des événements politiques et les incertitudes de l'avenir n'ont pas toujours permis à la spéculation d'en tenir compte.

Mais aujourd'hui en présence des exigences de plus en plus impérieuses des malades qui viennent demander à notre heureux climat le soleil et la santé, il est de mon devoir de revenir à la charge, en faisant connaître de nouveau le fruit de mon expérience personnelle.

Les excellents rapports de confraternité que j'ai toujours eus avec le Dr Bottini qu'une mort tragique a enlevé, au mois de juin 1873, à l'affection et au dévouement de tous, m'imposent l'obligation de réaliser un projet scientifique que nous avions caressé dans nos entretiens de tous les jours.

Unis ensemble par l'amitié la plus cordiale, l'un et l'autre médecins de l'Administration municipale, ne ménageant ni nos soins aux malades, ni nos conseils pour les réformes hygiéniques à introduire dans la ville, nous avons vu grandir sous nos yeux deux générations.

En étudiant le tempérament, les habitudes, la manière d'être de la population, nous avons pu constater chez elle les progrès les plus heureux au point de vue physique comme au point de vue moral.

L'œuvre commune devait donc avoir pour but de consigner par écrit le résumé de nos observations et de nos recherches, aussi bien dans l'intérêt des familles, que dans celui de l'histoire médicale de Menton.

Malheureusement, mon très-regretté confrère, qui comptait beaucoup sur sa santé florissante et sur sa mémoire, renvoyait toujours au lendemain la rédaction de ses observations, et au moment fatal du décès, nous n'avons retrouvé aucune note dans sa bibliothèque.

Livré aux seuls souvenirs de nos conversations intimes, pour faire connaître d'une manière plus complète cette période de 25 ans, je n'ai pas hésité à compulser les registres de l'hôpital pour les mouvements des malades, et les statistiques de la ville pour les naissances et décès, en les faisant concourir à l'étude complète qui fera l'objet d'une publication spéciale. Mon travail sera ainsi divisé en deux parties tout à fait indépendantes l'une de l'autre.

La première comprendra la description du pays, les améliorations que réclame son avenir, la part qui est réservée à chacun de ses habitants dans la régénération de la contrée.

La deuxième sera consacrée à l'étude des maladies sporadiques, endémiques ou épidémiques, en y comprenant leur étiologie et les méthodes de traitement qui ont fourni les résultats les plus satisfaisants.

Si ce petit volume, fruit de longues heures de labeur, trouve chez vous cet accueil bienveillant auquel vous m'avez habitué jusqu'ici, il pourra conjurer les injures du temps et rester dans vos archives du foyer, comme le témoignage de reconnaissance et de sympathie de l'un de vos amis les plus dévoués.

CHAPITRE PREMIER

HISTOIRE, TOPOGRAPHIE ET HISTOIRE NATURELLE
DE MENTON.

§ 1er. — Esquisse historique.

La route si pittoresque de la Corniche vient aboutir, à peu de distance de la frontière italienne, à Menton, petite ville gracieusement assise au bord de la mer.

L'histoire de son origine est aussi incertaine que celle des peuples liguriens.

Si quelques historiens attribuent sa création aux Romains, en faisant dériver son nom de Menton des mots *memoria Othonis*, d'autres prétendent qu'elle a été fondée au viiie siècle par des forbans de Lampédouze, île de la côte d'Afrique. Il existe, en effet, dans l'ancienne ville une rue Lampédouze qui pourrait justifier cette tradition. Occupée par les Sarrasins jusqu'au xe siècle, elle tomba vers cette époque au pouvoir des comtes de Vintimille, des Vento et des Grimaldi.

A l'extinction de la ligne directe d'Antoine Grimaldi, elle passa avec toute la Principauté (dont elle faisait partie), sous la suzeraineté de la famille Matignon, qui prit dès lors le nom de Grimaldi, Matignon.

Les événements politiques d'Italie, en 1848, eurent leur retentissement à Menton et à Roquebrune.

Ces deux villes n'eurent pas de peine à secouer la domination des princes de Monaco. Réunies au royaume de Sardaigne, elles ont joui du privilége de ne payer pendant 13 ans aucun impôt et de recevoir 80,000 fr. par an pour la cession des revenus des douanes.

En 1860, Menton, à l'exemple de Nice et des pays voisins, vota son annexion à la France, et fit partie comme chef-lieu de canton du département des Alpes-Maritimes.

§ 2. — Topographie.

Cette petite ville s'élève en amphithéâtre sur une colline située au centre d'une baie gracieuse, de 5 à 6 kilomètres d'extension, depuis le cap *Mortola* à l'Est, jusqu'au cap *Martin* à l'Ouest.

Sa physionomie est celle de presque toutes les villes du littoral ; elle présente deux parties bien distinctes : d'abord, la ville haute (vieille ville) où les maisons se pressent l'une contre l'autre, dans des rues étroites et tortueuses, et montent en amphithéâtre pour venir se grouper au pied des ruines d'un ancien château seigneurial qui sert maintenant de cimetière. C'est là la ville primitive, dont les habitations seraient privées d'air et de soleil, si la déclivité du sol ne remédiait en partie à ces inconvénients.

La ville basse est toute moderne, sa construction ne remonte guère qu'au commencement du siècle ; elle se développe tout entière sur les bords de la mer.

La colline sur laquelle est bâtie la ville, forme un promontoire qui divise en deux petites baies le golfe de Menton : l'une, *Garavan*, à l'Est, plus petite ; l'autre, *Sinus pacis*, des anciens, plus grande, à l'Ouest.

Pour procéder avec ordre, je commencerai par la description de la baie de l'Est, qui commence à la frontière italienne, c'est-à-dire au pont Saint-Louis.

Ce pont, à une seule arche, vrai monument

de l'art, construit sous le premier Empire, relie avec hardiesse les deux bords du ravin de Saint-Louis, où viennent se jeter les eaux du versant ouest du *Berceau*, dernier échelon de la chaîne des Alpes.

Rien n'égale la magnificence de ce paysage, où la nature semble avoir réuni ses beautés les plus variées. L'œil ébloui ne se lasse pas d'admirer ces masses granitiques, ces mille accidents de terrain, ces rochers taillés à pic, ces sentiers vertigineux où le contrebandier seul peut se hasarder.

Dans le fond un petit ruisseau roule ses ondes capricieuses et argentées à travers les sinuosités du ravin avant de se jeter à la mer.

Au moment des grandes pluies le ruisseau se transforme en torrent impétueux qui bondit en cascades écumantes. Après avoir dépassé le pont et en descendant la route nationale, on entre dans le quartier des *Cuses*, considéré de tout temps, et avec raison, comme la serre chaude de Menton; les nombreuses villas qui bordent la route nationale, ainsi que celles construites en dernier lieu au bord de la mer, ont l'heureux privilége de jouir d'une température exception-

nelle parce que le soleil réfléchi par les montagnes qui l'entourent, leur donne cette tiédeur
qui les fait rechercher par nos hôtes d'hiver.

Le quartier dit *Garavan* fait suite aux Cuses ;
bien partagé sous le rapport de la température,
parce que les mêmes causes d'insolation le favorisent, il se développe davantage empiétant
sur les coteaux qui l'entourent. Garavan, dont
on a voulu changer le nom en celui de *Gare-aux-
Vents*, grâce à l'initiative de M. Franciosy, est le
premier quartier habité par les étrangers ; il possède non-seulement des hôtels de premier ordre : *Grand-Hôtel, Mirabeau, Iles-Britanniques*,
pensions *Beau-Site* et de l'*Univers*, mais encore
de nombreuses villas qui sont agréablement situées, soit au bord de la mer, soit à l'entrée de
charmantes petites vallées.

Après Garavan, je citerai les quartiers du *Pian*
et de *Sainte-Marie*.

Le premier se subdivise en *Pian inférieur* qui
borde la route, et possède la même température
que Garavan, et en *Pian supérieur*, délicieuse
position entourée d'une vraie forêt d'oliviers
séculaires. Dans son livre sur Menton, M. Abel
Rendu lui reconnaît les conditions climatériques

les plus favorables pour constituer une station hivernale modèle. En suivant la route du ravin de St-Jacques qui contourne le Pian, on pénètre dans une vallée des plus abritées. Pendant que le citronnier et l'olivier peuplent les terrasses qu'a su créer à l'abri de tous les vents la main industrieuse des habitants, apparaissent sur les coteaux les vignes qui fournissent aux propriétaires le fameux *maruverno* qui peut rivaliser avec les vins les plus alcooliques d'Espagne. Dans cette même vallée les positions des *Roman-grises* et des *Guillons* sont destinées à un avenir prochain si les propriétaires savent profiter des conditions climatologiques dont les a gratifiés la bienfaisante nature. C'est à l'entrée de cette vallée que M. Daziani, propriétaire de l'hôtel de la Grande-Bretagne, a fait construire un charmant kiosque que se disputent les valétudinaires en raison de la douceur de la température et de l'abri dont on y jouit contre les vents de la mer.

Le quartier de Ste-Marie, ainsi nommé parce qu'il ne formait jadis qu'une grande propriété appartenant à une famille de ce nom, possède de jolies maisons sur la grande route.

L'accès des positions plus élevées, coupées en

dernier lieu par le chemin de fer, est assez difficile, mais il serait aisé d'en tirer un profit utile
parce qu'il est bien partagé sous le rapport de
la température et de l'anémologie.

Le quartier *Ste-Anne*, qui précède le quai
Bonaparte à l'entrée de la ville, est parsemé de
villas très-confortables. La position bien abritée
lui a fait donner la préférence pour la construction de grands hôtels, qui jouissent d'une répu-
tation bien méritée : hôtels des *Anglais*, de la
Paix, de la *Grande-Bretagne*, d'*Italie*, de *Belle-Vue*.

Le quai Bonaparte relie la baie de l'Est à la
ville; cette œuvre d'art qui date du premier
empire, a été embellie durant ces dernières années; il communique avec la rue St-Michel,
seule rue de la partie basse de la ville et qui relie
les deux baies de Menton.

Anciennement la ville ne possédait que la rue
Longue avec son entrée à la porte St-Julien, et
sa sortie aux Logettes près de la place du Cap.
Aux deux extrémités de cette rue apparaissent
les vestiges de deux portes; celle de St-Julien se
trouvait attenante aux remparts de la ville du
côté nord.

Comme derniers vestiges desdits remparts on

voit encore à présent : 1° un escalier conduisant à la vieille tour de St-Julien ; 2° un conduit souterrain, voie de communication de la tour avec le cimetière, ancien château seigneurial ; 3° un deuxième souterrain qui se rend au rivage de la mer à la hauteur du quai, près de l'hôtel de la Grande-Bretagne.

Le château et les remparts communiquaient aussi avec le palais des Princes qui s'élève à l'extrémité de la rue Longue ; son délabrement inspire peu de regrets, parce que l'architecture n'offre rien de remarquable ; toutefois les grandes salles où s'étalent les nombreux souvenirs des anciennes familles reportent la pensée vers un passé de grandeur qui contraste singulièrement avec l'aspect mesquin des maisons environnantes.

C'est dans cette rue que résidaient les familles aujourd'hui éteintes des Vento et des Clavesana.

C'est cette même partie de la ville qu'habitent les descendants des Pretti de Ste-Croix et St-Ambroise qui, plus heureux, ont pu résister aux orages des temps.

L'autre porte, celle des Logettes, donne dans la rue Bréa, appelée jadis en patois *Camin novo*, rue Neuve.

Parmi les maisons des principaux notables Massa, Marenco, Pretti, Faraldo, je rappellerai plus spécialement celle des de Monléon où S. S. Pie VII s'arrêta, se rendant en France à l'époque de sa captivité, et celle des de Bréa qui est décorée d'une inscription décrétée par le Grand Conseil des villes libres, en l'honneur du général de Bréa, mort en 1848, sur les barricades de Paris.

Avant d'aborder la description de la baie de l'Ouest, il est indispensable de consacrer quelques lignes à la vieille ville.

Comme toutes les villes liguriennes, exposées jadis aux invasions des Sarrasins, Menton était munie de fortifications et d'un château seigneurial où les habitants se réfugiaient au moment des attaques. Les fortifications du côté nord, commençaient à St-Julien et se trouvaient reliées au château et à la mer par l'escalier et le souterrain décrits plus haut. Du côté du sud-ouest, l'enceinte partant de la porte des Logettes contournait l'église paroissiale, la place actuelle de la Conception, et suivant derrière les vieilles maisons de la côte aboutissait au château. Le côté est était protégé par les maisons de la rue Longue bâties sur les rochers du quai et qui formaient un rempart inaccessible. Il résulte de cette disposition topographique que, la vieille ville se trouve échelonnée sur les flancs d'une petite colline et coupée par des rues tortueuses reliées par des chemins de traverse et des arcades. Les rues *Capodana*, *Mattoni*, de la *côte* et du *château*, représentent assez exactement les trois rangs de rues qui forment ce labyrinthe inextricable, qui, de la rue Longue aboutit au cimetière actuel. Les archives de la ville ne possèdent aucun plan de l'ancien Menton, et du château qui le protégeait; mais j'ai pu retrouver au milieu des vignettes d'une vieille gravure représentant le martyre de Ste-Dévote, patronne de Monaco, le dessin de la ville à son origine, dessin que je me suis empressé de faire reproduire par la photographie.

Il n'existe plus de vestiges aujourd'hui de l'ancien château. En 1850, on voyait encore debout du côté de l'ouest un mur percé de deux rangs réguliers de fenêtres, mais en 1855, il a été démoli par mesure de préservation publique.

J'ai pu faire reproduire également par la photographie les ruines de l'ancien château avant leur démolition, d'après le dessin que M. Stanislas Bonfils, syndic de la marine, a mis très-obligeamment à ma disposition.

L'église paroissiale qui forme à peu près le centre de la ville, est dédiée à saint Michel.

Les proportions en sont remarquables, et l'architecture d'un style très-correct.

Les cérémonies religieuses sont aussi imposantes que très-fréquentées, et la piété des habitants seconde admirablement le noble exemple que donne un clergé sympathique et éclairé.

La rue St-Michel, d'origine moderne, qui traverse la partie basse de Menton, a été régulièrement pavée, en 1850.

C'est à cette époque que remonte l'ouverture de la place nationale actuelle, par la démolition d'une quantité de vieilles masures. C'est là que s'élève cette belle maison Trenca occupée par l'hôtel Bristol. La municipalité profita très-heureusement de la circonstance pour faire disparaître sous une voûte en forme de pont les eaux sales et stagnantes du torrent Fossan. L'exécution de ces travaux fort utiles au point de vue hygiénique, a fourni un débouché à la nouvelle promenade du midi, devenue depuis le rendez-vous privilégié des valétudinaires, et le centre des plus beaux hôtels du *Midi*, de *Menton, Victoria Westminster*, des pensions *Camous, Américaine;* tous rivalisent entre eux par la bonne exposition en plein midi, le confort de leur intérieur et l'aménité des propriétaires. La transformation qu'a subie la partie basse de la ville dans ce court espace de 25 ans, est vraiment merveilleuse. L'avenue Victor-Emmanuel II, les hôtels que je viens d'énumérer, l'élargissement de la place de St-Roch, l'hôtel de la *Méditerranée* si confortable, la rue Partouneaux avec ses beaux hôtels de *Venise*, des *Bains*, des *Étrangers*, des *Alpes*. La rue Honorine, la place du Cercle, la rue St-Charles avec les hôtels d'*Orient* et de *Turin*, ont été, pour ainsi dire, créés par enchantement.

A la rue St-Michel fait suite l'avenue Victor-Emmanuel II; c'est par ce magnifique boulevard que l'on pénètre dans la baie de l'Ouest.

Trois torrents sillonnent ce petit territoire. D'abord à l'entrée de la ville le Carréi que l'on traverse sur un pont en bois suspendu : les deux rives du torrent sont très-pittoresques; sur celle de droite on trouve l'avenue de la gare du chemin de fer qui se continue avec la route de Sospel dite de Turin; cette route, l'une des plus ombragées, est recherchée par les étrangers qui veulent s'éloigner de la mer. Ils trouvent dans l'hôtel du Parc, dans les pensions *suisse* et du *nord* des appartements confortables et bien abrités. Sur la gauche une belle promenade donne accès à des maisons très-élégantes, à la rue Partouneaux, au quartier St-Benoît, à celui du Louvre ainsi nommé à cause du bel hôtel de ce nom qui appartient à M. Guiol.

En face du pont de Carréi, la route nationale continue en droite ligne; c'est sur le parcours qui sépare les deux torrents, qu'on a vu surgir en très-peu d'années, en dehors des jolies maisons, un temple anglais, les hôtels de *Russie*, *Splendide*, les pensions de *Londres* et *Suédoise*.

Le deuxième torrent est le *Borrigo*, sur lequel a été jeté un pont à une seule arche; il est très-regrettable que lors de sa construction, l'administration des ponts et chaussées, guidée par des renseignements inexacts sur l'importance du torrent, ait fait une œuvre trop massive, d'un mauvais goût et d'une élévation telle qu'elle dé-

robe le point de vue si gracieux dont on jouis-
sait avant, depuis la Madone ou Cornalès jusqu'à l'entrée du Carréi. Un pont en fer, pareil à
celui que la Compagnie du chemin de fer a construit plus en amont sur le même torrent, n'aurait
présenté aucun inconvénient dans les grandes
crues et aurait en outre embelli le quartier par
son élégance.

Dans ces derniers temps, les deux rives du
Borrigo ont été transformées en deux magnifiques promenades, grâce à des capitalistes intel-
ligents qui ont construit sur leur parcours de
belles villas.

Il serait à désirer que ces deux promenades
conduisant d'un côté à la vallée des Castagnins,
et de l'autre à la route des Cabroles soient plantées
d'arbres par les soins de la municipalité, afin
d'augmenter pendant la saison d'été, l'ombrage
que l'on recherche avec raison. Lorsqu'on dépasse
le pont de Borrigo pour entrer dans l'allée qui conduit au troisième torrent, l'œil se trouve avec
surprise en face d'un palais, d'une architecture
ordinaire, mais admirablement situé et entouré
d'un parc convenablement entretenu. C'est l'ancienne demeure des princes de Monaco que vient

d'acheter et de décorer avec luxe M. Savarese,
le propriétaire du bel hôtel *Prince de Galles* ou
du *Pavillon*. L'ancienne propriété de la Madone de Cornalès est aussi très-belle; elle a été
ainsi nommée d'une tradition qui fait, selon les
uns, dériver ce nom du latin *Carnis lesio*, selon
d'autres, d'une grande bataille qui aurait eu lieu
dans cet endroit.

La maison bâtie sur l'emplacement du cou-
vent, la chapelle et le magnifique bois achetés
par M. Doridan et aménagés avec goût, forment
une des propriétés les plus remarquables. Les
pins parasols qu'on admire dans le bois, sont
peut-être uniques dans leur genre.

Le troisième torrent, le Gorbio, forme la limite
des territoires de Menton et de Roquebrune. Pour
perpétuer le souvenir des efforts communs des
deux pays dans leurs luttes politiques de régénération sociale, l'on a construit aux frais de
tous le pont de *l'Union*.

Les trois torrents que je viens de décrire, cir-
conscrivent autant de vallées offrant sur les deux
rives, non-seulement des promenades agréables,
mais des localités parfaitement abritées qui se
peuplent, chaque année, de nouvelles habita-

tions. En suivant les bords du Carréi, on peut voir les environs de l'hôtel du Louvre, la promenade de la *Peira Scritta*, la route de Turini, la vallée des Monti et du *Gorgo dell'ora*, la colline de l'Annonciate, où la tradition place le château de *Podium Pinum*.

La vallée de Borrigo est aussi merveilleusement partagée par la nature qui y a versé ses dons avec profusion pendant que l'industrie de l'homme y a réalisé des prodiges de culture.

Où trouver, en effet, des séjours plus abrités pour les malades que la route qui conduit aux *Cabroles*; des sites plus poétiques que la vallée des Primevères, la colline de Ste-Lucie, et la route de Ste-Agnès?

La vallée de Gorbio est la plus étroite, mais la route qui conduit à ce pays et qui deviendra sous peu accessible aux voitures, ne manque pas d'attraits pour les malades qui y trouveront une température des plus douces.

La route nationale, aussitôt après avoir dépassé le pont de l'Union, s'engage sous une magnifique allée de platanes, suit son cours tortueux à mi-côte pour gagner Roquebrune, Monaco et la Turbie. En arrivant à la fin de l'allée de *Ba-*

nastron, le promeneur tourne à gauche et suit une route à travers des champs d'oliviers qui élèvent au ciel leurs tiges séculaires pour se retrouver au milieu d'une admirable forêt ; ce sont les oliviers du cap Martin que le peintre Guillon a si fidèlement reproduits dans un tableau fort admiré à l'exposition de Paris. Cette même route, en longeant le bord de la mer, le conduira au milieu des pins du cap Martin. Ce promontoire divise le bassin de Menton de celui de Monaco. Propriété des princes, il fut octroyé, en 1848, à la commune de Roquebrune qui le céda à une compagnie Franco-italienne pour la création d'un établissement balnéaire d'été.

Le capital assez considérable engagé dans cette spéculation avec trop de facilité par M. Borgo de Gênes, n'est représenté maintenant que par trois belles maisons.

Après avoir passé dans les mains d'une princesse russe, le cap St-Martin a été acquis par Mᵉ Sabatier, de Pierrefonds. Pendant plusieurs années Menton a ressenti la bienfaisante sollicitude de celle qu'on avait nommée la Providence des pauvres, et dont le départ sera toujours regretté. Cette belle propriété, soigneusement entretenue, sert de but de promenade aux hôtes d'hiver et aux Mentonnais. La marine française y a établi un sémaphore. On retrouve aussi sur ce cap à la végétation luxuriante du Midi les vestiges de l'ancien monastère de St-Martin.

Dans les fouilles pratiquées sur ce point, M. Stanislas Bonfils a constaté les traces d'anciens caveaux.

C'est à ce travailleur distingué qu'est due la découverte, en 1871, d'un squelette humain incomplet.

« Les souterrains du cap St-Martin, dit-il,
« sont au nombre de douze, ils sont divisés par
« des cloisons en maçonnerie. Chaque souterrain
« a deux mètres de long sur cinquante centimè-
« tres de largeur et autant de profondeur ; de
« grandes dalles plus ou moins aplaties leur
« servent de couvercles. Chaque caveau contient
« au moins quatre squelettes dont deux sont pla-
« cés en sens inverse c'est-à-dire avec la tête à
« l'opposé des deux autres. »

D'après lui, il est très-probable que ces caveaux appartenaient au cimetière du monastère dont l'existence remonte au xie siècle et qui est situé immédiatement à l'extérieur du mur faisant face

au sud et soutenant la voûte menàçante de la chapelle. M. Bonfils a également trouvé : 1° la tête
d'un enfant de 6 ans environ, ce qui donne à penser que les moines se consacraient à l'instruction ;

2° Puis, à quelques mètres en dehors des ruines, les vestiges d'un tombeau romain renfer-
mant comme débris humains, des morceaux d'os
frontal, et d'os maxillaire inférieur, des fragments de poteries en substance ferrugineuse.

Il est très-regrettable que le manque de fonds
empêche M. Bonfils de doter la science d'un travail sérieux en continuant des fouilles, entreprises avec tant de zèle, et continuées avec des
résultats aussi satisfaisants.

La vue dont on jouit du haut du cap Martin est
des plus admirables : à l'est se déroule le golfe de
Menton, le cap de la Mortola, la baie de Vintimille et le golfe de Bordighiera ; à l'ouest, le golfe
de Monaco avec la ville qui, fière de son château
princier, paraît se mirer dans la mer ; plus loin,
Villefranche, Antibes et les côtes de la Provence,
et sur le haut de la Turbie qui protége Monaco,
les restes de l'ancien monument de César Au-
guste.

M. Brun, propriétaire du café de la Victoire à

Menton, a eu l'heureuse idée de créer dans une
des maisons de M. Borgo un café restaurant, qui
servira de but de promenade pour les étrangers en
leur ménageant toutes les ressources d'agréments,
de jeux, de distractions, de confort, et au besoin
des comestibles de premier choix pour *luncher !*

Le territoire de Menton se trouve donc cir-
conscrit par un large demi-cercle formé par
une couronne de hautes montagnes, en partant
de la *Turbie* à l'ouest, pour atteindre le *Berceau*,
à l'est : ces rochers gigantesques qui opposent
aux vents du Nord une barrière impénétrable,
forment un heureux contraste avec les collines
verdoyantes et les jardins d'orangers qui s'étalent à leurs pieds.

A différentes altitudes s'étagent les villages de
Castellar, de Castillon, de Ste-Agnès, de Gorbio,
entourés de ruines, souvenirs encore vivants des
luttes du moyen âge, alors que les riverains de
la Méditerranée avaient à se garantir contre les
envahissements des pirates barbaresques.

§ 3. — Géologie.

Je n'ai pas l'intention de faire ici une description complète de Menton sous le rapport géologique ; je me bornerai à rappeler que les géologues peuvent y reconnaître trois époques distinctes, représentées par le calcaire jurassique, le nummulitique et le crétacé inférieur : le calcaire est interrompu en divers endroits par de longs bancs de grès tertiaires, comme par exemple près de Roquebrune. Le calcaire compacte dolomitique se trouve réuni au calcaire nummulitique d'une manière plus tranchée ; dans le côté Est du golfe de Menton, et spécialement dans les localités de Gavaran, des Bausi-Rossi et de la Mortola, localités si bien étudiées par le savant géologue M. Pareto.

A propos de Bausi-Rossi, je ne puis passer sous silence ses cavernes communément appelées *Grottes de Menton*. Au nombre de sept, elles sont situées près de la frontière française, sur un terrain appartenant à la commune des Grimaldi (Italie), à 27 ou 28 mètres au-dessus du niveau de la mer. Creusées dans le calcaire crétacé inférieur, et n'ayant aucune communication intérieure, elles ont été fouillées d'abord par M. Grand (de Lyon) en 1845, par MM. Pérès (de Nice), Forel (de Morges en Suisse), Geny (de

Nice) en 1856, puis enfin par **M. Moggridge** en 1870. Ces fouilles n'ont pas donné de grands résultats, parce qu'elles ont été pratiquées trop superficiellement, et parce que les divers observateurs se sont bornés à étudier les débris d'armes en silex remontant à l'âge de pierre. **M. Bonfils** que je me plais à citer comme un noble exemple de persévérance dans l'observation et l'étude des phénomènes de la nature après avoir entrepris avec ses modestes ressources pécuniaires d'intéressantes fouilles, a retrouvé en 1866 : 1° différentes espèces de coquillages appartenant à des mollusques marins ;

D'après les documents qu'il a bien voulu me communiquer, je mentionnerai :

Dentalium elephantinum.	Patella vulgata.
Cardium rusticum.	*id.* cærulea.
Turbo rugosus.	*id.* ferruginea.
Trochus turbinatus.	Pecten jacobæus.
Cerithium vulgatum.	Mitylus edulis.
Turritella communis.	Halyotis lamellosa.

2° Un grand nombre d'ossements brisés, des dents incisives et molaires appartenant au cheval, au porc, au bœuf, à différentes espèces de cerf et au lapin ;

3° Une grande quantité d'éclats de silex en

forme de flèches, de grattoirs, de couteaux, de pointerelles très-fines, et des percuteurs en pierre qui ont servi probablement à la fabrication des armes primitives de l'âge de pierre, quelques poinçons en os bien conservés, d'autres brisés et une extrémité de cubitus humain.

Dans d'autres fouilles faites dans la tranchée du chemin de fer qui passe au pied de ces cavernes, M. Bonfils a trouvé une espèce de manche de couteau d'un calcaire schisteux, beaucoup d'os, des dents fossiles d'animaux, tels que l'ours, le rhinocéros, le cerf, l'éléphant, le cheval, le bœuf, etc., et des armes en silex de plusieurs formes.

A force de patience, ce savant amateur est parvenu à reproduire en les façonnant lui-même non-seulement les ustensiles en pierre dont on se servait pour fabriquer les armes en silex, mais encore, les armes elles-mêmes. La relation en est consignée dans une brochure publiée à Menton, en 1871, sous ce titre : *Recherches sur les outils en silex des Troglodytes, et sur la manière dont ils les fabriquaient.*

Avec tous ces objets réunis aux nombreuses

monnaies retrouvées dans les environs de la ville, M. Bonfils a formé une intéressante collection que l'on peut admirer à son domicile, place de la Mairie.

Rien de plus curieux aussi que les nids de certaines araignées du genre *mygale* conservés par lui dans leur forme naturelle. Ces nids appartiennent à la *mygale cœmentaria* et à la *mygale meridionalis*. La première munit son nid d'un couvercle à bouchon, et la seconde d'un couvercle simple.

Le docteur Chenu, dans son encyclopédie d'Histoire naturelle s'exprime ainsi sur les habitudes de ces *araneïdes*.

« Les mygales forment des galeries souter-
« raines en forme de boyau, dont elles tapis-
« sent l'intérieur d'un tissu soyeux, et dont elles
« ferment l'entrée à l'aide d'un couvercle garni
« d'une charnière, et formé de plusieurs cou-
« ches de fils mêlés de terre gâchée : la dispo-
« sition de cette porte est telle que son poids
« seul suffit pour la fermer ; mais quand *l'a-*
« *raneïde* craint de voir sa demeure envahie par
« quelque ennemi, elle s'accroche fortement à
« des trous pratiqués à la face inférieure de ce

« couvercle, du côté opposé à la charnière, et
« empêche de l'ouvrir. »

Pourquoi n'accorderait-on pas à M. Bonfils une
modeste pension pour l'aider à continuer ses recherches en lui tenant compte des dépenses qu'il
a prélevées sur ses modiques appointements?

M. Traherne Moggridge, que des raisons de
santé retiennent l'hiver à Menton, s'est voué,
depuis plusieurs années, avec ardeur, à l'étude
de l'Histoire naturelle de cette partie du littoral
méditerranéen.

Le petit ouvrage très-intéressant qu'il a publié
l'an dernier sur les mœurs des fourmis et des araignées du midi de la France a été analysé et résumé
par M. Rochette dans les archives des sciences
physiques et naturelles de Genève (tome IV).

Voici les observations de Moggridge relatives
aux espèces de *mygales* du territoire de Menton.

Parmi les différentes espèces de *mygales*, il y
en a, comme la *Cteniza nidulans*, la *Cteniza fo-
diens* et la *Nemesia cœmentaria* qui forment
des tubes munis d'une seule porte, mais
très-épaisse et convexe en dessous, de manière
à pouvoir pénétrer dans l'ouverture du tube
comme le ferait un bouchon. M. Moggridge a

pu bien étudier la demeure de la *N. cœmenta-ria* qui est assez abondante à Menton (la *C. fo-diens* est, au contraire, fort rare) ; il a pu déter-miner que le tube que la mygale a construit n'arrive à sa dernière dimension que par de-grés, et par de successives additions, et que le couvercle qui sert de porte est formé de plu-sieurs couches qui varient en nombre selon le diamètre du tube. En parlant des habitudes des araignées, il dit : si on sort une jeune araignée de son tube, elle en construit immédiatement un autre, mais il n'en est point de même pour les araignées adultes, sauf quelques exceptions.

On doit à M. Moggridge la description des demeures des araignées à deux portes. Ces tu-bes sont construits par la *Nemesia meridionalis* et par la *Nemesia Eleonora* et jusqu'à présent ils n'ont été observés qu'à Menton, à Cannes, à San Remo, à Hyères, et à Pegli dans la villa Pallavicini près de Gênes.

Les tubes de la *Nemesia meridionalis* présen-tent non-seulement une porte inférieure, mais ils ont de plus une branche latérale ascendante, formant un angle de 45 degrés environ avec le canal principal qui se termine en cul de sac et toujours à une très-petite distance de la surface du sol. La porte supérieure est très-mince et ne fait que s'appuyer sur le bord du tube un peu rabattu pour la recevoir. Son tissu est formé d'une couche de soie recouverte de terre.

La seconde porte est située à l'embranchement du tube latéral, au sommet de l'angle supérieur d'intersection, et elle est suspendue de telle façon qu'elle puisse boucher hermétiquement l'un ou l'autre des tubes. Cette porte intérieure est assez épaisse (2 à 3 millim.) : sa forme est celle d'une ellipse dont les bords de la face supérieure seraient légèrement relevés; elle est construite avec de la terre entourée de soie, elle porte de plus à sa partie inférieure une sorte d'appendice membraneux et libre qui rend sans doute la fermeture plus complète.

M. Moggridge qui a enrichi son ouvrage de planches de toute beauté, se propose de publier d'autres études complémentaires sur le même sujet (1).

Par ordre de M. le Ministre de l'Instruction

____

(1) M. Moggridge vient d'être enlevé à la science et à ses amis dont il emporte les plus vifs regrets. Il a succombé à l'affection organique dont il était atteint depuis plusieurs années.

publique, M. E. Rivière a entrepris, en 1871, des fouilles méthodiques dans les grottes de Bausi-Rossi, d'après les indications fournies par M. Bonfils. Ces fouilles ont amené la découverte d'armes en silex, et, en 1872, celle d'un squelette de Troglodyte parfaitement conservé que M. Rivière a envoyé à Paris.

L'année suivante, il en a trouvé d'autres plus incomplets, ce qui lui a permis de fournir des documents historiques sérieux sur l'âge de ces hommes primitifs.

Les personnes qui s'intéressent à ce genre d'études trouveront dans cette publication les renseignements les plus détaillés, et les plus aptes à les éclairer au milieu des ardentes controverses du moment.

Avant de quitter ce sujet, je dois exprimer un vœu qui sera partagé par beaucoup de nos compatriotes.

Pourquoi la municipalité de Menton ne mettrait-elle pas à la disposition de M. Bonfils, ce patient et infatigable naturaliste, une vaste chambre dans les dépendances de la Mairie pour y installer plus convenablement les merveilles de son musée?

§ 4. — **Végétation.**

La fertilité du sol de Menton est due à la persévérance et au travail obstiné de ses habitants,
qui ont su transformer des collines arides en de
riches plantations de citronniers, en mettant à
profit les débris de ces masses calcaires dont la
lente désagrégation est grevée par l'influence de
la pluie et du soleil.

Peu de pays peuvent, comme Menton, offrir,
pendant l'hiver, le spectacle d'une végétation
aussi luxuriante et toujours verte. Le sol est partout couvert de forêts d'oliviers séculaires, de
citronniers aux feuilles lustrées et persistantes,
dont la végétation unique fournit quatre récoltes
par an, et de massifs d'orangers chargés de leurs
fruits, le tout entremêlé de lauriers-roses et de
palmiers. Les violettes tapissent partout le terrain et embaument l'air de leurs douces émanations.

Eu égard au peu d'extension du territoire,
qui ne dépasse pas 1,375 hectares de superficie,
Menton est très-productif. La récolte la plus
productive (environ cinquante millions par an)

est constituée par les citronniers que l'on expédie dans toutes les contrées de l'Europe, et jusqu'en Amérique. Celle de l'huile jadis considérable, étant devenue très-chanceuse, beaucoup de propriétaires ont pris le parti de couper les oliviers restés improductifs pour les remplacer par de riches plantations de vignes. Ce changement de culture a déjà produit de bons résultats, en augmentant d'une manière assez sensible la production du vin. Les deux types du vin de Menton sont le *Maruverno* et l'*Alicante*, ils ont la force et le bouquet des vins d'Espagne. Ils se conservent pendant de longues années, et il n'est pas rare de trouver dans les caves de riches propriétaires des bouteilles datant de plus de vingt ans. Il serait désirable de voir adopter pour la fabrication de ces vins une certaine uniformité de procédés afin de pouvoir établir le bouquet caractéristique des deux types de vin de la contrée.

Les fruits sont en grande abondance, mais malheureusement on se préoccupe plus de la quantité que de la qualité. Les arbres s'épuisent pour porter un nombre considérable de fruits, tandis qu'en limitant la production à la

force de l'arbre et aux qualités du sol, il serait
facile d'obtenir moins de fruits, mais des fruits
de plus belle apparence. De cette manière la qualité compenserait amplement la quantité.

Les figues de Menton sont avec raison très-
renommées. En améliorant convenablement les
diverses espèces on arriverait facilement à rivaliser avec celles de Vintimille.

La flore de Menton est d'une richesse extraordinaire, il serait trop long de faire l'énumération de toutes les plantes qu'on peut admirer
sur un territoire aussi limité. Sans entrer dans
des développements qui m'éloigneraient trop de
mon but, je me bornerai à indiquer le beau
travail, *Flore de Menton,* publié par M. le chevalier Ardoino. Sa mort récente est tout à la fois
un deuil pour ses amis, et pour les pauvres dont
il était le bienfaiteur ; et une perte pour le pays
et pour la science qu'il cultivait avec ardeur.

Des tableaux qu'il a dressés dans sa Flore, il
résulte qu'il faudrait parcourir toute l'Islande,
c'est-à-dire une surface de 80,000 kilomètres
carrés, ou mieux encore le royaume de Suède,
qui en compte 400,000 pour réunir un aussi
grand nombre d'espèces. M. Moggridge a égale-

ment publié une Flore des plantes de Menton illustrée de beaux dessins pour chaque plante.

Comme la richesse de végétation d'un pays forme l'un des éléments de ses conditions climatologiques, nous trouverons dès à présent dans ce fait, une présomption très-logique en faveur de Menton.

§ 5. — Tempérament des habitants.

Après avoir étudié le pays sous le rapport de la géologie et de la végétation, il faudrait jeter un coup d'œil sur le tempérament et la manière d'être de ses habitants ; mais comme la deuxième partie de mon livre est précisément consacrée à cette étude, je me bornerai pour le moment à réfuter une opinion émise par le Dr Carrière.

Ce savant confrère à qui revient incontestablement l'honneur d'avoir signalé le premier l'importance médicale de Menton (1), fait observer que la rareté des pluies, l'uniformité de la température, la douceur des hivers, doivent déterminer des maladies énervantes par le fait de la

(1) *Le climat de l'Italie sous le rapport hygiénique et médical*, Paris, 1849.

prédominance du système lymphatique sur la circulation du sang.

« On ne tarde pas, dit-il, à se convaincre que
« les faits concordent avec les prévisions ; il n'y
« a qu'à parcourir pendant quelques heures la
« ville et la campagne, pour reconnaître que la
« population porte en général les caractères du
« tempérament qui abaisse la force musculaire
« et appauvrit le sang. »

Le Dʳ Carrière, qui a évidemment visité le pays avant 1849, époque de la publication de son livre, a jugé l'influence des conditions du sol sur l'homme dans une période des moins favorables pour la santé physique des habitants. Actuellement il est difficile de leur refuser un tempérament robuste, comme le prouvent d'ailleurs les cas si fréquents de longévité. D'après un tableau dressé par le Dʳ Bottini, on voit qu'à Menton il y a neuf personnes sur mille qui dépassent quatre-vingts ans, tandis que dans les autres départements de France, selon Chambrol, il n'y en a qu'une sur quatre-vingts.

CHAPITRE II

§ 1er. — Importance du climat de Menton.

Après avoir indiqué les conditions générales de Menton afférentes aux τόπων (lieux) d'Hippocrate, je dois faire connaître ce qui se réfère à sa température.

Je m'abstiendrai de tout parallèle entre la température de la ville et celle des stations voisines, Nice, Cannes, Hyères, etc., parce qu'elles se trouvent sur la même ligne isotherme, et parce que je désire borner mon ambition à mettre en relief les conditions avantageuses de mon pays. Foderé, au commencement du siècle, attira le premier l'attention des médecins sur l'importance de Nice, de Villefranche et de Menton. Après lui le Dr Provençal (1) soutint cette même thèse dans une petite brochure des plus inté-

(1) *Topographie médicale du comté de Nice*, 1848.

ressantes. Carrière recueillit avec impartialité toutes les notions climatologiques relatives aux diverses localités susceptibles de devenir d'excellentes stations d'hiver pour les valétudinaires. Initiés par la publication de cet ouvrage, les plus illustres médecins de France et de l'étranger commencèrent à diriger leurs malades vers un pays si richement partagé par la nature. Depuis cette époque ont paru successivement les monographies remarquables de M. Abel Rendu (1), du docteur Bennet (de Londres) (2), du docteur Bonnet de Malherbe (3), de M. de Longpérier (4), du docteur Price (5), du docteur Stiége, et enfin celle du Dr Bottini (6). Dans son livre sur Menton et son climat, mon très-regretté collègue a su mettre en relief les qualités climatologiques de la station, et sa valeur curative dans les maladies de poitrine. Cette richesse de littérature médicale prouve à l'évidence la valeur de notre station d'hiver. Il n'y a donc pas lieu de s'éton-

(1) *Menton, Roquebrune, Monaco*, 1848.
(2) *Mentone and the Riviera*, London, 1861, 1870.
(3) *Du choix d'un climat d'hiver*, Paris, 1861.
(4) *L'hiver à Menton*, Paris, 1861.
(5) *The winter climate of Mentone*, London, 1863.
(6) *Menton et son climat*, Paris, 1863.

ner de la prospérité toujours croissante de notre
pays ; car si les établissements d'Eaux thermales
doivent souvent leur vogue à la mode du jour,
aux plaisirs et aux distractions qu'ils offrent aux
baigneurs, on ne peut invoquer ces raisons pour
un petit pays qui n'apporte aux étrangers que
les charmes de la nature, une végétation sans
pareille, un ciel pur, un air tiède et doux, embaumé de parfums enivrants.

Aussi M. le Dr de Pietra-Santa, vivement
impressionné par ces heureuses conditions climatoriales, lui a assigné une place spéciale dans
son Rapport au ministre d'État en 1862 (1). Tout
récemment encore dans des conférences climatologiques qu'il a faites à Paris (2) et dans l'intéressant volume qu'il vient de publier sur le *traitement rationnel de la phthisie pulmonaire* (3),
ce savant confrère, que je suis heureux de compter au nombre de mes amis, a consacré à Menton les appréciations les plus sympathiques.

(1) *Les climats du midi de la France*, Paris, 1862.
(2) *Les climats du Midi comparés à ceux de l'Italie, d'Égypte
et de Madère*, Paris, 1874.
(3) 1 vol. in-8. Librairie O. Doin, Paris, 1875.

§ 2. — Observations météorologiques.

Les observations météorologiques que possède Menton sont principalement dues à la persévérance de deux savants compatriotes.

M. Jérôme de Monléon (père du regretté M. Charles de Monléon, ancien maire de Menton) nous a fourni des observations d'une première période de 27 ans (1818 à 1844) établissant le maximum et le minimum de température de chaque année.

Si cette statistique n'offre pas toute la précision que désirerait M. Carrière, elle n'en a pas moins le grand avantage de constater en principe :

1° Que la température s'abaisse au-dessous de zéro une fois chaque dix ans.

2° Que le minimum des moyennes d'hiver s'élève à 8° environ.

3° Que le maximum de la chaleur pendant l'été dépasse rarement 30° centigrades, et, comme ce chiffre ne s'est présenté que trois fois, il est logique de représenter par 28° centigrades la température *maxima* de l'été pendant ladite période.

Nous ne possédons malheureusement aucune série d'observations pour la période 1844 à 1850. M. de Bréa, sous-intendant militaire en retraite, m'a communiqué un excellent travail qui résume dans un tableau synoptique ses observations faites pendant dix ans, de janvier 1851 à décembre 1860. On y trouve la statistique comparative des moyennes annuelles et décennales, ainsi que la détermination de la température moyenne de chaque mois. Ces observations établissent que la température moyenne annuelle de Menton est de 26° centigrades pour l'été, de 7° centigrades pour l'hiver, soit pour la moyenne décennale 24° 1 centigrades, pour maximum, et 9° 3 pour minimum.

J'avais commencé en 1867 une troisième série d'observations décennales, que des circonstances indépendantes de ma volonté m'ont empêché de poursuivre.

Pendant que M. de Bréa divisait les vingt-quatre heures de la journée en trois parties égales, à chacune desquelles correspondait une observation, en me préoccupant d'appliquer mon travail à la médecine, j'avais cru devoir m'appuyer sur trois observations enregistrées entre le lever et le coucher du soleil, en les accompagnant du *minimum* de la nuit. Malgré cette différence de procéder, mes observations coïncident avec celles de M. de Bréa. Quoi qu'il en soit, si l'on réunit toutes les observations de cette nouvelle période, on arrive à représenter très-exactement les températures moyennes de chaque saison pour la ville de Menton par les chiffres suivants : hiver, 9° 6 centigrades ; printemps, 15° 3 ; été, 23° 6 ; automne, 16° 8.

Pour les observations barométriques, les moyennes de chaque mois varient entre 753^{mm},9 et 764^{mm},3 ; et les oscillations annuelles entre 738 millimètres et 773^{mm},3. Quant aux observations hygrométriques (hygromètre de Saussure), les moyennes mensuelles oscillent entre 48° 4 et 61° 5, et les moyennes annuelles entre 35 et 67.

La dernière période d'observations météorologiques appartient à M. Castillon, officier d'Académie, qui a occupé pendant plusieurs années le poste de directeur de l'École municipale de Menton, à la grande satisfaction de la population entière. Ce professeur aussi modeste qu'érudit, en se conformant aux instructions qu'il a reçues de Paris, fait six observations par jour depuis six

heures du matin à trois heures d'intervalle, indépendamment de celles de la nuit. Tous ces résultats météorologiques sont soigneusement con-
signés dans des tableaux journaliers et hebdo-
madaires communiqués à l'Observatoire.

Quoique ces constatations à intervalles trop
rapprochés restent en dehors des applications
médicales, elles n'en sont pas moins précieuses
par leur régularité. Les moyennes mensuelles
obtenues par cette nouvelle série d'observations,
qu'il a bien voulu me confier, et qui comprend
les années 1871 à 1874, s'harmonisent parfaitement avec les moyennes des saisons que j'ai éta-
blies plus haut. Ainsi donc cette longue période
d'études précises nous donne le droit de constater un avantage incontestable pour Menton, dont
la moyenne hivernale de 9°,6 lui permet de rivaliser avec celle du climat de Naples qui,
d'après le docteur Carrière, s'élève à 9°,8.

Pour assurer à Menton le bénéfice d'observations météorologiques régulières, j'ai établi à
mes frais dans le jardin de l'hôpital un observatoire construit sur le modèle de ceux de Glas-
cow, d'après les conseils de M. Freeman, l'un des
météorologistes les plus distingués d'Angleterre.

Depuis le mois de janvier 1874 les observations sont faites trois fois par jour, à 8 heures du matin, à 2 heures et à 6 heures du soir. Elles sont consignées dans un registre avec les constatations *maxima*, *minima*, barométriques, hygrométriques, état du ciel.

En publiant chaque année tous les résultats obtenus, j'ai l'espoir de former ainsi pour Menton un recueil d'observations régulières et précises.

§ 3. — Anémologie et élévation des montagnes formant l'enceinte de Menton.

Je ne connais pas de série d'observations sur les vents qui règnent d'ordinaire à Menton, mais l'étude de sa position topographique et de la configuration des terrains environnants démontre que les vents dominants soufflent de l'est et du sud-ouest. Les brises du nord sont interceptées par la barrière que leur opposent les hautes montagnes.

La ville étant ainsi exposée aux seules influences des vents chauds, n'a pas à redouter ces variations brusques et soudaines qu'engendrent dans la rivière de Gênes les vents boréaux.

3.

Le rempart impénétrable que j'ai signalé tantôt se trouve représenté par une double chaîne de montagnes. La première est formée par la chaîne principale des Alpes qui séparent le département des Alpes-Maritimes du Piémont ; elle a une élévation moyenne de 2,500 mètres au-dessus du niveau de la mer. La seconde, qui doit son origine à la bifurcation du mont Brauss au-dessus du village de Castillon, est disposée irrégulièrement en un demi-cercle dont les deux côtés descendent à la mer ; l'un à l'ouest, suit les crêtes du Farget (1220 mètres), de Cime d'ours (1210 m.), de l'Aiguille (1300 m.), de l'Agel (1137 m.), et de la Turbie (521 m.) ; l'autre, à l'est, passe par les sommets du Rasel (1260 m.), du Mulacé (1300 m.), du Gramond (1378 m.), et enfin du Berceau (1109 m.) ; celui-ci, en s'inclinant vers le rivage, aboutit d'échelons en échelons à la Croix de la Mortola et aux Bausi-Rossi.

Ce rideau gigantesque, et surtout non interrompu, qui se développe au nord de Menton, est donc formé d'une série de pics dont l'altitude moyenne dépasse 1,200 mètres ; ces pics sont reliés entre eux par des défilés qui, dans leur plus forte dépression, atteignent encore la hauteur de 900 mètres, à l'exception du col de Castillon qui s'arrête à 720.

De là résulte la différence insignifiante que l'on constate dans la température des diverses localités des deux baies de Menton : celle de Garavan est plus exposée aux vents de sud-ouest, parce qu'elle est abritée contre des vents de l'est par les Bausi-Rossi ; l'autre est plus sous l'influence des vents d'est par sa disposition topographique et par l'étendue de sa surface.

CHAPITRE III

§ 1er. — Classification des climats.

M. de Humboldt a imprimé, en 1817, à l'étude des climats une direction nouvelle, en imaginant de réunir par un système de lignes tous les points du globe à température moyenne égale.

Il les a dénommées isothermes en les subdivisant en isothères (pour les moyennes estivales) et en isochimènes (pour les moyennes d'hiver). A ce premier essai succédèrent les travaux de Kaemtz (1831), de Berghauss (1838), de Boudin (1857).

Tous ces auteurs partageaient le globe terrestre en dix zones séparées par des lignes isothermes, échelonnées de cinq en cinq degrés. En suivant le même ordre d'idées, le Dr Jules Rochard propose une nouvelle carte des climats dans laquelle il divise l'espace compris entre l'équateur et les pôles en cinq zones climatériques, représentées par des lignes isothermes, ayant entre elles une différence de 10 degrés de température.

M. J. Rochard reconnaît en conséquence cinq ordres de climats :

1° Les climats *torrides*, s'étendant de l'équateur thermal à la ligne isotherme de $+25°$;

2° Les climats *chauds*, étendus de la ligne de $+25°$ à celle de $+15°$;

3° Les climats *tempérés*, compris entre celle de $+15°$ et de $+5°$;

4° Les climats *froids*, entre celle de $+5°$ et celle de $-5°$;

5° Les climats *polaires*, entre $-5°$ et $-15°$.

« Cette division, ajoute-t-il, ne crée, par le « fait, que deux zones nouvelles pour les cli- « mats extrèmes ; elle a l'avantage de conserver « aux autres le sens que l'usage leur a fait don- « ner dans le langage médical, et de se prêter à « des considérations plus pratiques, et plus na- « turelles en hygiène et en pathologie. »

Les deux zones qui représentent les climats tempérés sont comprises, dans chaque hémis-

phère, entre les lignes *isothermes*, de + 15° et de
+ 5° et se trouvent séparées l'une de l'autre, par
une distance moyenne de 1,900 lieues ; la zone
australe est recouverte par la mer dans presque
toute son étendue, à l'exception de quelques îles
de l'Océanie, et du grand triangle de l'Amérique du Sud. La zone septentrionale renferme
les deux grands foyers de la civilisation, l'Europe dans l'ancien continent, les États-Unis
dans le nouveau. En Europe, la limite de la
zone septentrionale dans son parcours longe le
midi de la France et la rive Ligurienne, comprenant nécessairement dans son cours Menton,
ainsi que toutes les stations voisines.

La médecine moderne s'est heureusement em-
parée des récentes études sur les climats tempérés, en cherchant à les utiliser non-seulement dans un but curatif des affections de
poitrine, mais mieux encore dans une pensée
de prévention. De là la nécessité de déterminer
dans les climats tempérés de l'Europe, et plus
particulièrement dans les zones climatoriales de
la France, les caractéristiques essentielles des
stations hivernales ; de là leur subdivision en
deux groupes correspondant aux principales ca-

tégories des maladies de poitrine. Le premier doit comprendre les stations d'hiver tempérées où l'air est doux, un peu mou, sédatif, chargé d'une certaine humidité (Madère, Pau, Venise, Pise, Rome).

Le deuxième doit renfermer les principales stations du littoral de la Méditerranée (Hyères, Cannes, Nice, Menton, Ajaccio, Alger, Naples), où l'air est tonique, sec et stimulant.

Cette division acceptée par M. Guéneau de Mussy dans ses leçons cliniques sur les causes et le traitement de la tuberculisation pulmonaire, avait été proposée par M. de Pietra-Santa dans son premier travail sur les climats du midi de la France.

Comme je l'ai rappelé plus haut, dernièrement encore, cet éminent confrère a développé sa pensée en ces termes. « Tout en admettant la « valeur de ces distinctions et de cette diffé- « rence essentielle des milieux ambiants, je suis « arrivé à reconnaître, et à prouver par une « étude attentive des topographies locales, que « dans une même station il existe des quartiers « distincts dont les éléments constitutifs (degré « de température, nature du sol, genre de pro-

« ductions, accidents de terrains, anémolo-
« gie, etc.), se groupent de manière à former
« les deux types de climats, dont je viens de
« parler, types correspondant de même aux deux
« formes distinctes de nos infirmités. »

D'après cet auteur, non-seulement les climats d'hiver doivent se diviser en deux groupes,
mais encore il faut admettre que les divers éléments qui les différencient peuvent se rencontrer
dans une même localité. Après avoir donné quelques exemples à l'appui, empruntés à Hyères,
Cannes, Nice, Alger, **M.** de Pietra-Santa constate que les conditions stimulantes, toniques de
l'atmosphère ambiante se trouvent à proximité
de la mer dans la zone qu'il appelle *marine*
ou du *littoral*, et que, par contre, les conditions
tempérées et sédatives se rencontrent de préférence en s'internant dans les terres au milieu
de la zone dite des *collines*.

Passant ensuite à l'application de ces principes, il observe que « les altérations pulmonaires
« peuvent se développer à la suite de disposi-
« tions héréditaires, ou se produire successive-
« ment à la transformation de l'état aigu en état
« chronique; dans les deux hypothèses, selon

« que ces altérations siégent sur les tempéra-
« ments nerveux, ou sur des tempéraments lym-
« phatiques, il se manifeste deux formes prin-
« cipales, la forme *torpide* greffée sur une
« constitution lymphatique ou scrofuleuse re-
« présentant l'alanguissement, la dénutrition ;
« et la forme *érétique* animée par l'élément sub-
« inflammatoire avec des réactions du système
« nerveux.

« Le même climat ne peut être raisonnable-
« ment conseillé dans chacune de ces modalités
« ou manière d'être de la maladie, et l'expé-
« rience journalière nous démontre que les af-
« fections de la première catégorie ont besoin
« d'un air sec, vif, tonique, stimulant, tandis
« que celles de la deuxième catégorie réclament
« une air tempéré, imprégné d'une certaine
« humidité, en un mot sédatif. »

Beaucoup de médecins n'acceptent pas d'une
manière absolue les distinctions du Dr de Pietra-
Santa, parce qu'ils ne peuvent pas admettre
qu'un même climat qui a des propriétés toniques au bord de la mer puisse acquérir des qualités sédatives lorsqu'on s'en éloigne de quelques
centaines de mètres. Malgré ces hésitations,

l'expérience de tous les jours nous démontre péremptoirement que certains malades de la poitrine, qui ont une grande irritabilité nerveuse ne peuvent supporter en aucune manière le voisinage de la mer ; en dehors de l'excitation produite par un air trop excitant, trop imprégné de particules salines, il se manifeste chez eux une surexcitation spéciale occasionnée par le bruit des vagues.

En transportant alors ces personnes à 5 ou 600 mètres de distance, on voit renaître le calme et la sédation. Les caractéristiques du climat n'ont pourtant pas changé !

Les expériences très-précises de M. Gillebert d'Hercourt, à Monaco, lui ont démontré l'existence sur le bord de la mer d'une zone atmosphérique constamment imprégnée de particules salines. Les distances auxquelles il a pu constater dans l'air du littoral la présence de ces particules l'autorisent à lui assigner comme limites 4 à 500 mètres d'étendue en ligne horizontale, et 70 mètres d'élévation en ligne verticale.

Mes recherches à Menton confirment en tous points les conclusions du Dr Gillebert et concordent ainsi avec l'observation clinique alors

qu'elle démontre les bons effets, pour les valétudinaires excessivement irritables, des habitations distantes de la mer d'au moins 5 à 600
mètres.

Dans mon *Essai climatologique de Menton* (1863)
j'obéissais aussi à ces préoccupations lorsque
j'indiquais loin du rivage les positions utiles à
l'installation de certains malades, et lorsque je
proposais l'ouverture d'un grand boulevard
à mi-côte des collines, qui aurait de la sorte doublé l'importance de la station. Bien que mes
vœux n'aient pas reçu une réalisation conforme
aux nécessités bien entendues de la situation et
aux intérêts même des propriétaires, il est de
mon devoir d'insister de nouveau sur l'heureuse
influence qu'exerceraient incontestablement
pour l'avenir de Menton les transformations de
certains quartiers de la ville.

§ 2. — Climatologie des différents quartiers. — Baie orientale.

En parlant de la topographie de Menton j'ai
indiqué sommairement les différents quartiers
des deux baies. L'étude que je viens de faire sur

les climats et sur leur groupement au point de vue de leur importance climatologique me conduit naturellement à les passer de nouveau en revue pour assigner à chaque localité la place qui lui est réservée.

Dans la baie orientale nous trouvons au bord de la mer les quartiers des Cuses, de Garavan, du Pian, de Sainte-Marie et de Sainte-Anne ; tous peuvent être considérés comme ayant des qualités climatologiques analogues ; si les Cuses et Garavan sont plus chauds par le fait de la réverbération des rayons solaires sur les énormes rochers auxquels ils sont adossés, les autres sont plus abrités par la ville et offrent une température moins variable.

Tous appartiennent au groupe des climats secs excitants. C'est là qu'il faut placer les malades à forme torpide, qui ont besoin d'un air chaud et imprégné des émanations de l'eau de la mer. Je dois cependant faire observer qu'alors que la forme torpide est liée à un état congestif du système vasculaire cardiaco-pulmonaire, cette atmosphère moins renouvelée et plus chaude m'a paru favoriser les hémorrhagies. Comme il est indispensable pour ces per-

sonnes de respirer plus à l'aise dans des sorties
et des courses plus variées, il importe de doter
ces quartiers de promenades le long des
petites vallées formées par les ondulations
des terrains. Ces exigences hygiéniques pour les
valétudinaires qui ne peuvent ni prolonger leurs
petites excursions à la baie occidentale, ni affron-
ter les vents qui tourbillonnent parfois à l'entrée du quai, me conduisent à examiner, plus
particulièrement, les quartiers plus éloignés de
la mer.

La configuration du terrain ne permet pas de
trouver dans la baie orientale l'espace nécessaire pour faire de grandes promenades carros-
sables. D'ailleurs il aurait fallu les créer avant
l'ouverture du chemin de fer ainsi que je l'a-
vais proposé en 1863.

Cependant ce que la Municipalité ne peut ac-
complir, l'initiative des propriétaires réunis devrait le réaliser ; sur le petit torrent de Garavan
presque inabordable, n'existait, il y a dix ans,
qu'une maisonnette louée par cette raison à un
prix minime.

Depuis qu'un propriétaire intelligent a pris
l'initiative de voûter le petit torrent pour don-

ner accès à des terrains achetés tout autour, six maisons confortables se sont élevées comme par enchantement.

Deux autres ont abandonné leur aspect rusti- que pour se transformer en maisons meublées, en sorte que ce quartier que l'on disait autrefois inhabitable, et qui est d'ailleurs parfaitement abrité, est destiné à recueillir sa part de prospé- rité.

Pourquoi donc les propriétaires du quartier qui confine avec M. Dongois ne feraient-ils pas le sacrifice de quelques mètres de terrain pour continuer la route qui finit au pont du chemin de fer ?

Pourquoi ne se créeraient-ils pas des ressour- ces certaines en livrant à la spéculation des terres qui ne leur donneront jamais que des récoltes douteuses ?

Ce que je dis du quartier de Garavan peut s'ap- pliquer aux terrains qui sont derrière les hôtels Beau-Site et Mirabeau. La route accessible aux voitures qui conduit à la charmante Villa Coulon pourrait être continuée, en suivant le petit ravin pour donner accès à des sites déli- cieux.

C'est cette véritable serre chaude qu'avait choisie l'un des hommes les plus éminents de Menton, le Dr Louis Pretti, pour se créer un vrai jardin de délices.

Que de villas ne pourrait-on pas construire alors sur ce ravissant coteau exposé en plein soleil, et qui voit se déployer au loin cette belle mer enlaçant dans ses ondulations la ville entière !

Que dirai-je de la vallée de Saint-Jacques? Si les localités que je viens de décrire ont besoin du bon vouloir des propriétaires pour sortir de l'oubli, celles de la vallée de Saint-Jacques sont déjà sur la voie du progrès grâce à l'initiative de M. Daziani. Le propriétaire de l'hôtel de la Grande-Bretagne, par la construction d'un charmant pied à terre, a su fournir un but de promenade aux étrangers dans une riante vallée où les vents ne viennent jamais changer la tiédeur de l'air embaumé des parfums des citronniers.

Propriétaires des *Romangrises*, des *Guillons*, si vos plantations n'ont jamais été visitées par la gelée, si vos coteaux ont été embellis par une luxuriante végétation, par des vignes renommées, vous le devez à la position exceptionnellement heureuse de ces collines !

Armez-vous de courage, donnez l'exemple de l'association, et dans peu d'années vous aurez créé, en ouvrant des routes, une oasis des plus recherchées, vrai type de ces séjours que tous les praticiens préconisent pour le traitement des maladies de poitrine à forme nerveuse et irritative.

En passant par un étroit sentier qui longe les propriétés Massa et Viale et qui se prolonge au delà du chemin de fer, on arrive à des terrains sur les hauteurs de Santa-Maria qui peuvent former un digne pendant du quartier du Pian supérieur, et être utilisés dans les mêmes conditions. L'accès par ce sentier étant difficile, il faudrait continuer le chemin de voiture que le propriétaire de la villa le Chalet a su se créer, et en se dirigeant en ligne parallèle au chemin de fer on arriverait facilement au plateau que je désigne. De ce point, la route en traversant les hauteurs des *Figaréasses* irait rejoindre la vallée de St-Jacques.

En résumant les considérations qui concernent les quartiers de la baie orientale, je dirai que, malgré son peu de développement vers le nord, elle présente dans les localités situées au bord de la mer des séjours incomparables

pour l'élévation de la température, et la toni-
cité de son atmosphère.

Dans les régions des Cuses, de Garavan, des Figaréasses, des Romangrises, des Pians supérieurs,
de Guillon inférieur, se trouvent les conditions
climatologiques les plus favorables aux malades
qui ont besoin d'un abri contre les vents et d'un
air moins irritant que celui de la mer.

§ 3. — Baie occidentale.

Plus étendue que la première, cette baie est
traversée par la route nationale. Son plus grand
développement est compris entre les torrents du
Fossan et de *Carréi*; c'est là qu'a été créée la
nouvelle ville, c'est là que s'accomplissent tous
les jours les transformations les plus merveilleu-
ses. Plusieurs plans de la ville ont été successivement étudiés et approuvés, mais comme l'exécution des travaux n'a pas été immédiate, et que
d'autre part des ouvertures partielles de rues ont
été autorisées, il en est résulté un défaut d'ensemble, peu en rapport avec les nécessités de l'hygiène
publique et les intérêts généraux de la station.

Dans cette première partie de la baie occidentale les quartiers habités par les étrangers sont ceux qui longent le bord de la mer avec accès sur la promenade du Midi ; c'est là que se sont établis les plus beaux hôtels et les plus élégantes maisons. Le chemin de fer ayant coupé la partie supérieure de ce grand quadrilatère, l'accès de ces quartiers est devenu difficile, car ils sont éloignés de la mer de 500 mètres en moyenne. Il est à regretter que la Municipalité n'ait pas exigé de la Compagnie du chemin de fer de grands passages pour établir de larges communications.

Le mal une fois constaté il faut songer aux remèdes.

En premier lieu l'Administration municipale devrait faire disparaître du centre de la ville l'abattoir aussi désagréable à la vue que peu hygiénique, en raison des matières que l'on jette dans les eaux du Fossan, et qui se déposent en croupissant dans leur passage au-dessous du pont de la rue Gavini. Elle devrait ensuite, avec le concours des propriétaires, continuer la route de ce petit torrent jusqu'aux moulins qui sont près du chemin de fer. La dépense et les difficultés ne seraient pas énormes ; les beaux jardins qui bordent le lit de ce torrent infect, deviendraient des terrains merveilleusement situés et par leur position abritée, recherchés non-seulement par les habitants de Menton, mais par les étrangers. Cette nouvelle route pourrait se relier d'un côté à la rue du Castellar, et de l'autre, par des lacets à celle déjà projetée, qui faisant suite à la rue de Boca, irait en passant par le haut du Fossan aboutir au cimetière.

Je ne parlerai pas des rues du Castellar, de St-Charles qu'embellissent les hôtels d'Orient et de Turin et le cercle philharmonique parce qu'elles sont en voie d'exécution ; de cette manière on pourra utiliser les bonnes positions si abritées du commencement des Ciappes du Castellar. Toutefois la continuation de la rue transversale demande une prompte exécution afin de pouvoir installer des habitations dans une zone des plus chaudes, comme celles de St-Michel et de Rigaudi, et pouvant rivaliser avec les positions si renommées des hôtels de Venise et des Bains, de l'hôtel des Étrangers, et de la pension des Alpes.

Qui ne connaît dans ce même quartier l'heureuse installation de l'hôtel du Louvre, et celle non moins appréciable du grand hôtel des Iles

Britanniques qui est en voie de construction ?

La rive gauche du Carréi plus communément connue sous le nom de promenade de la *Peira Scritta* complète la zone abritée des vents de la mer, ou du groupe sédatif : cette région éloignée du rivage de plus 600 mètres est justement appréciée par les médecins depuis quelques années, elle a tout à gagner.

La gare du chemin de fer entre les torrents de Carréi et Borrigo, ayant enlevé à Menton des positions des plus abritées j'ai vu avec plaisir la spéculation en découvrir d'autres dans les terrains qui avoisinent la gare et qui s'étendent aux pieds de la colline de l'Annonciate. Ces localités sont excellentes sous le rapport climatologique. Il ne faut pas négliger non plus ce qui reste des anciennes *Vignasses* et *Vallières* parce qu'elles sont très-propices pour les malades.

Les terrains qui se trouvent entre le Borrigo et le torrent de Gorbio sont dénommés : les Pigautiers et les Carnolès ; le chemin de fer vient de les couper à mi-côte ; ces quartiers cependant, par la douceur de la température dont ils jouissent, peuvent prétendre à un avenir des plus heureux.

Au delà du torrent de Gorbio on ne trouve guère que le quartier dit du *Cap Martin*, derrière la tuilerie, qui puisse entrer dans le groupe des positions éloignées de la mer. Son importance dépend en grande partie de l'utilité que les propriétaires sauront tirer de leurs terrains. Des routes sont indispensables pour leur donner un accès qui les mette en relief.

Pour résumer ce que je viens de dire de la baie occidentale, je puis affirmer :

1° Que les terrains qui la constituent entre le torrent du Fossan et celui du Gorbio forment un grand quadrilatère de 2,311 mètres de longueur sur une profondeur moyenne de 500 mètres, limité au sud par la mer, au nord par le chemin de fer.

2° Que sur son développement maritime elle offre toutes les qualités des climats tempérés toniques et que sur l'étendue qui la sépare des collines elle offre des positions que l'on doit classer à juste raison parmi le groupe des climats tempérés sédatifs;

3° Que ces qualités sont bien plus caractérisées à mesure que l'on se rapproche de la limite Nord.

4° Que plusieurs de ces positions ont déjà été appréciées par la spéculation.

4.

5° Que d'autres non moins favorables, telles que les quartiers supérieurs de Fossan, des Ciappes, du Castellar, des Rigaudi, des Saint-Michel, des Pigautiers, du cap Martin attendent le moment de leur transformation par l'initiative et l'entente des propriétaires.

Le Dr de Pietra Santa, afin de mieux vulgariser l'idée que les divers climats du midi de la France réunissent les deux genres d'influences climatoriales sédatives et toniques, n'a pas manqué d'énumérer les quartiers qui à Hyères, à Cannes et à Nice se trouvaient dans ces conditions spéciales.

Pour lui Menton appartient uniquement au groupe stimulant.

L'étude attentive de la topographie de notre pays m'ayant fait reconnaître les éléments caractéristiques des deux groupes de climat avec leurs influences curatives, j'ai voulu dans la description des différentes localités de Menton revendiquer ses droits. Menton peut hardiment soutenir la comparaison avec les stations voisines en offrant aux malades d'une part, les positions qui sont reconnues favorables par des qualités toniques, de l'autre celles qui sont douées d'une action sédative.

Les objections que l'on pourrait tirer du peu d'étendue et de développement des deux baies, tombent devant les expériences de Gillebert d'Hercourt que j'ai relatées plus haut, et devant les observations cliniques de tous les jours.

Ainsi que je l'ai déjà rappelés les malades nerveux et irritables qui ne peuvent séjourner aux bords de la mer, trouvent un grand soulagement et un bien-être immédiat en respirant à la distance de 600 mètres du rivage une atmosphère plus calme, moins balayée par les vents.

C'est ici le moment de faire connaître ce que j'appelle *le Madère de Menton*, région qui peut rivaliser avec le Cannet par son éloignement de la mer, son exposition au midi, en dehors des violents courants de l'atmosphère,

§ 4. — Vallée des Cabroles.

Lorsque, après avoir dépassé le pont du chemin de fer sur le Carréi, on prend la route qui se trouve en face de la gare et qui se continue par l'ancien chemin des Vignasses, on aboutit à une promenade très-fréquentée par les malades et conduisant aux *Cabroles*.

Tout le monde connaît la douce température de cette rive du torrent de Borrigo qui fait face à la vallée des *Primevères*, ou des *Castagnins;* les valétudinaires savent, par expérience, que quand les vents de l'Est ou de l'Ouest envahissent les promenades du midi, ils trouvent un abri certain sur la route des Cabroles et des refuges pour se reposer au milieu des massifs d'arbres qui couvrent cette région.

La route des Cabroles presque toute en plaine a une longueur de 4 kilomètres; dont deux et demi praticables en voiture et un et demi à cheval ou à pied. Cette seconde partie est une route communale, qui pourrait être facilement élargie comme la première et continuée jusqu'aux Cabroles. On arrive au pays qui est une fraction de la commune de Sainte-Agnès, par un pont rustique jeté sur les deux rives d'un petit torrent, en suivant une route à lacets assez raides jusque sur le plateau où sont groupées les maisons des quatorze ou quinze familles qui forment la population du hameau.

Le développement des Cabroles se fait de l'Est à l'Ouest sur une étendue de 600 mètres et du Sud au Nord sur celle d'un kilomètre.

Son exposition est en plein midi ; la montagne de Sainte-Agnès au nord ; la colline de Cantamerlo et de Pigna à l'est, celle de Sainte-Lucie à l'ouest forment une barrière naturelle contre l'action des vents.

La configuration géographique de cette région représente un vaste quadrilatère de (600,000 mètres carrés) fermé de toutes parts excepté au midi, avec pente très-peu accentuée.

La végétation est analogue à celle de Menton ; l'olivier, le citronnier, l'oranger prospèrent ensemble et forment la principale ressource des habitants ; les fruits y sont en abondance, le vin est bon, les fleurs sont cultivées et forment les délices des jeunes filles des Cabroles ; les palmiers y trouvent un sol propice, et lorsque la mode n'avait pas encore décoré les jardins de Menton, les promenades de Nice, les bosquets de Montecarlo de cet arbre tropical transporté par milliers de la Bordighiera ; le petit hameau des Cabroles était fier de ces deux beaux palmiers séculaires, transportés à frais énormes à Menton pour embellir les deux jardins du pont de Carréi.

La présence de cet arbre, la facilité avec laquelle il y vit et prospère est un fait très-probant pour l'importance climatologique des Cabroles, qui en hiver est échauffé par le soleil depuis son lever jusqu'à trois heures.

Ce séjour doit être naturellement considéré comme le vrai type des climats de la zone des collines à influence calmante et sédative.

L'altitude moyenne du hameau des Cabroles est de 100 mètres au-dessus du niveau de la mer.

La température moyenne de cette partie du jour comprise entre onze heures du matin et deux heures de l'après-midi, pendant les journées calmes, est sensiblement la même que la température de Menton, observée à l'hôpital (quartier St-Julien).

Le 3 novembre dernier cette température était de 19° 7 pendant que le maximum de mon observatoire de l'hôpital ne s'était élevé ce jour-là qu'à 19°,5.

Quoique le territoire des Cabroles soit très-morcelé, il appartient en grande partie à des familles riches de Menton.

Rien par conséquent ne serait plus facile que de convertir le paisible hameau en un lieu de refuge délicieux et prospère pour les malades, servant de succursale à la ville du littoral.

La rectification de la route communale qui du Taraldo après un parcours de 1 kilomètre et demi arrive au vieux pont des Cabroles, ne présenterait aucune difficulté si les propriétaires savaient comprendre l'intérêt de toute la vallée en abandonnant les quelques mètres de terrain nécessaires pour la rendre praticable aux voitures ; ce petit sacrifice serait amplement compensé par la plus-value des propriétés.

En mettant le vieux pont en rapport avec l'agrandissement de la route, on arriverait par une route bien tracée au plateau des Cabroles.

J'appelle plateau des Cabroles, l'espace auquel j'ai donné la forme d'un quadrilatère et que j'ai déjà décrit tantôt.

Il est facile de se rendre compte de l'importance que prendrait ce petit coin de terre si merveilleusement doté par la nature, si des rues bien tracées et des maisons confortables venaient à remplacer les ruelles et les masures rustiques des habitants actuels.

Plaise à Dieu que l'idée dont je me fais le propagateur convaincu, puisse stimuler leur zèle en faisant naître chez eux cet esprit d'associa-

tion seul capable de conduire à bonne fin cette
entreprise, riche du plus florissant avenir.

§ 5. — **Température des différents quartiers de Menton.**

Après avoir énuméré les divers quartiers
des deux baies, il faudrait indiquer leur température respective.

Ce résultat ne peut être obtenu que par l'ensemble d'un système d'observations météorologiques, faites d'après une méthode uniforme
avec des instruments d'une égale précision. Il
faudrait en outre les continuer pendant toute
l'année ; un pareil travail d'ailleurs très-diffi-
cile, n'apporterait à la médecine aucun résultat
pratique, en raison du développement restreint
d'un territoire qui, du point Saint-Louis au
torrent du Gorbio ne mesure que 3 kilomètres
990 mètres.

Toute comparaison devient superflue et comme
les différences dues à des influences locales que
j'ai déjà passées en revue se traduiraient par
des fractions de degré je me borne à rappeler
que la température moyenne de l'hiver de
Menton s'élève à 9°,6 centigrades.

CHAPITRE IV

§ 1er. — Température de Menton comparée aux stations hivernales d'Italie.

Quoique je ne veuille m'occuper ici que du climat de Menton, en laissant de côté toutes les questions de parallèle avec les stations voisines, je pense qu'il est essentiel néanmoins d'indiquer les rapports qui existent entre la température de notre pays et celle des principales stations d'hiver d'Italie.

Le docteur Carrière, avec cette impartialité qui l'honore, se fondant sur les observations recueillies dans chaque localité, établit de la manière suivante la température de :

	Hiver.	Printemps.	Été.	Automne.
Naples	9°, 8	15°, 2	23°, 8	16°, 8
Rome	8, 1	14, 29	22, 91	16, 49
Sienne	5, 2	12, 4	23, 7	14, 0
Florence	7, 6	10, 24	21, 7	15, 33
Pise	7, 62	14, 81	23. 23	17, 31
Venise	3, 35	12, 64	22, 81	13, 26

La température moyenne des différentes saisons de Menton, d'après 16 années d'observations enregistrées avec la plus scrupuleuse exactitude, se traduit par les chiffres suivants: hiver 9°,6; printemps, 15°,3; été, 23°,6; automne, 16°,8.

Il résulte de là que le climat de Naples seul pourrait être considéré comme supérieur. Mais, outre que la différence est très-minime, il faut tenir compte des instabilités atmosphériques du climat, des influences boréales prédominantes et de la constitution volcanique du sol qui dégage dans l'atmosphère une quantité considérable d'électricité.

M. de Pietra Santa reconnaît au climat de Naples des propriétés excitantes qui le font proscrire dans tous les cas d'altération grave des organes essentiels à la vie. Reconnaissons donc avec satisfaction, que la température moyenne annuelle de Menton est beaucoup plus élevée que celle de Pise, de Sienne et de Venise.

§ 2. — Influence du climat dans les différentes phases de la phthisie.

Je ne prétends pas affirmer par là que Menton

constitue la station d'hiver la plus favorable, et la conseiller comme la seule propice au traitement des affections chroniques de la poitrine ; comme j'espère l'avoir démontré, je suis convaincu que les différentes formes de la maladie à leurs diverses périodes exigent des conditions différentes de séjour ; ainsi, quoique la température de Pise et de Venise soit moins élevée que la nôtre, ces deux climats sont préférables dans la période avancée de l'altération pulmonaire, alors surtout qu'elle se complique de phénomènes d'irritation nerveuse excessive. C'est par la même raison que des malades qui n'ont pu supporter le climat de Menton, ont ressenti une amélioration sensible en arrivant à Pau.

Le séjour de Rome convient aux valétudinaires qui recherchent le bruit et les émotions des grandes villes, qui se sentent dépérir dans les petits pays parce qu'ils n'y retrouvent pas d'excitations continuelles, de sensations toujours renouvelées.

Le choix d'un climat n'est pas une question d'intérêt particulier à une localité, mais bien positivement une question d'intérêt humanitaire en tant qu'agent principal de guérison dans les maladies de la poitrine, et plus spécialement dans la phthisie.

Je dirai avec Guéneau de Mussy, « la phthisie
« pulmonaire est la manifestation d'une diathèse,
« c'est-à-dire d'une disposition constitution-
« nelle, innée ou acquise, qui a pour condition
« pathogénique très-importante, sinon pour
« cause directe, un affaiblissement de la force
« plastique, de la force organique, et qui très-
« souvent se développe à l'occasion d'une inci-
« tation locale. Du concours de ces circonstances,
« ou de la diathèse seule, naît un produit mor-
« bide qui, à son tour, réagit sur l'organisme, et
« provoque des désordres fonctionnels. »

Dans le traitement de cette maladie, l'attention du médecin doit se concentrer d'abord sur
les éléments essentiels ou primordiaux, auxquels
viennent s'ajouter, comme éléments accidentels
ou secondaires, les troubles locaux et généraux
qui sont la conséquence du produit morbide et
des conditions individuelles au milieu desquelles
la phthisie se développe. Or, on ne peut combattre la diathèse, et les conditions qui peuvent
en favoriser l'évolution que par l'emploi de certains moyens hygiéniques, parmi lesquels vient

se placer en première ligne l'influence d'un climat bien approprié.

Ici se pose la question de la curabilité de la phthisie. Regardée jadis comme incurable et de nature inflammatoire, elle a été fort mal à propos combattue par les saignées et la diète à outrance.

Les progrès de la science moderne et les travaux d'anatomie pathologique sont parvenus à mieux déterminer cette dénomination vague de *phthisie* qui réunissait en elle une multiplicité de formes morbides, et relevant de causes diverses ; de ces études, on en a déduit les conclusions plus en harmonie avec l'étiologie des lésions, et plus en rapport avec leur curabilité.

Le but essentiellement pratique de mon travail, m'impose l'obligation de ne pas dépasser les limites de l'exposition sommaire des principes adoptés par les différentes écoles sur la curabilité de la phthisie ; mais comme cette curabilité trouvera toujours un grand auxiliaire dans l'application thérapeutique des climats, je ne puis passer sous silence les principales données pathologiques.

La médecine de nos jours a établi que la

phthisie peut être : 1° le résultat d'une maladie diathésique (tuberculeuse) qui se développe dans le tissu pulmonaire ; 2° la conséquence d'une dégénération affectant une forme propre qu'on a dénommée (caséeuse), et qui de préférence accompagne le travail pneumonique aigu ou chronique ; 3° l'effet d'une inflammation qui est passée franchement à l'état suppuratif ; de là, comme le fait très-bien observer Pidoux dans son remarquable traité de la phthisie (1), les trois productions morbides distinctes, mais analogues, le pus, la matière tuberculeuse ou caséiforme, et le tubercule proprement dit. Il appelle pyoïdes « les deux dernières plus funestes et plus « nécrobiotiques que le pus, et essentiellement « destructives. » Pour d'autres la vraie phthisie tuberculeuse est la forme granuleuse miliaire généralisée ; viennent ensuite les processus pneumoniques variés, lobulaires ou lobaires qui aboutissent à la phthisie, après avoir eu des allures primitivement aiguës. M. Jaccoud (2) qui a si bien fait progresser l'observation clinique, et la thérapeutique partage cette opinion : Pour lui

(1) *Études générales et pratiques sur la Phthisie.* Paris, 1873.
(2) Jaccoud, *Leçons de clinique médicale.* Paris, 1873.

« la guérison de la tuberculose] miliaire aigvë
« *n'est point une impossibilité chimérique*, mais
« les processus pneumoniques phthisiogènes à
« début aigu sont curables, soit à la période de
« ramollissement ulcératif, soit à la période d'ex-
« cavation de phthisie confirmée. »

Niemeyer soutient avec l'école allemande que
la thérapeutique est impuissante contre la tuberculisation primaire, comme aussi contre la
tuberculisation qui s'est développée dans le cours
de la phthisie.

Deux doctrines, dit le Dr **J.-H.** Bennet, de
Londres, sont en présence : celle de Laënnec et
de Louis, qui est encore généralement partagée
en France et en Angleterre, et qui reconnaît
dans le tubercule l'origine de la phthisie pulmonaire chronique, et celle de Virchow qui attribue au tubercule une origine purement inflammatoire. Hérard et Cornil ont une opinion
intermédiaire et acceptent la granulation miliaire
et la pneumonie caséeuse. (*Recherches sur le traitement de la phthisie pulmonaire*, Paris, 1874.)

Dans cette lutte de principes et de controverses,
le médecin, pour ne pas tomber dans l'incerti-
tude au lit du malade, tout en admettant que

la phthisie provenant du développement de la diathèse tuberculeuse peut être modifiée, mais non guérie complétement, doit reconnaître aussi, que les phthisies survenues à la suite d'inflammations plus ou moins aiguës de l'appareil respiratoire, avec ou sans produits caséiformes, peuvent être non-seulement modifiées mais guéries. Dans ces circonstances l'influence du climat est d'un précieux secours comme modificateur des forces de l'organisme, et c'est uniquement vers ce but que doivent être dirigés les efforts de la médecine.

Il me reste à résoudre une question de la plus grande importance, à propos de l'influence du climat sur les différentes périodes de la phthisie. Le Dr Bottini dans son ouvrage sur Menton s'exprime en ces termes : « Tous les « malades étrangers qui étaient dans la pre- « mière période ont vu le cours de la maladie « suspendu dans la plupart des cas, de manière « à pouvoir faire espérer une guérison. Parmi « ceux de la deuxième période, un cinquième « seulement reprirent des forces et un embon- « point qui pouvait donner des espérances sé- « rieuses; enfin tous ceux qui étaient à la troi-

« sième période furent, un peu plus tôt, ou un
« peu plus tard, victimes du mal, quoique
« plusieurs eussent éprouvé, sous l'influence du
« climat, un soulagement capable de leur faire
« espérer la guérison. »

Je résumerai mon opinion personnelle, fruit
de 25 ans de pratique dans le Midi, en disant que
le changement de climat est indispensable dans
le traitement de la phthisie, à la condition de
s'effectuer au début de la maladie, ou pendant
la période dans laquelle les altérations ne sont
pas étendues ; mais lorsque la phthisie, diathésique ou acquise, a provoqué des lésions graves
dans le parenchyme pulmonaire, lorsque l'organisme entier est sous l'influence du ramollissement tuberculeux et de la fonte purulente
(conditions nécessairement fatales), le changement de climat ne peut que hâter la mort.

Que de cas de ce genre ne pourrai-je pas citer ?
Combien d'illusions n'ai-je pas vu s'évanouir
chez des malades auxquels on avait fait espérer
la santé sous l'action bienfaisante du soleil du
Midi, et que dans ma pensée, je vouais à une
fin prochaine !

C'est dans ces circonstances que le médecin

devrait résister aux désirs des malades, et aux sollicitations de la famille, pour s'opposer énergiquement à toute émigration.

§ 3. — Durée du séjour dans les stations d'hiver.

Après avoir établi les véritables conditions du changement de climat, pour obtenir la guérison de la phthisie, je dois déterminer la durée que doit avoir le séjour dans nos contrées.

Pour beaucoup de malades, le conseil de changer de climat fait toujours pressentir une terminaison funeste.

Par affection de famille, par raisons d'intérêts, par convenances personnelles, on remet toujours au lendemain le moment du départ, parce que l'on considère l'émigration comme la dernière ressource de l'art.

Si l'on pouvait, au contraire, persuader aux gens du monde que le changement de climat est avant tout un moyen préventif et curatif de la maladie, nos stations hivernales présenteraient une statistique moins funèbre.

L'organisme humain ne saurait se soustraire aux lois générales de la nature ; la plante que les mauvaises conditions du sol ou les influences de l'atmosphère font dépérir, ne demande-t-elle pas de toute nécessité sa transplantation sur un terrain plus propice? Aussi M. Guéneau de Mussy, pénétré de l'importance du climat, a-t-il pu dire dans ses leçons :

« L'air est le premier des aliments, il est aussi
« dans la phthisie le premier des médicaments ;
« il ne fournit pas seulement les matériaux né-
« cessaires à l'hématose, il introduit encore dans
« l'économie des substances absorbables, aux-
« quelles il sert de véhicule; il exerce une action
« topique sur la membrane muqueuse respira-
« toire. »

Or, si l'on admet qu'un air pur peut fournir à l'organisme des principes régénérateurs, il est raisonnable de croire, que plus cette bienfaisante influence sera prolongée et plus les effets en seront durables. L'expérience clinique nous prouve effectivement que le plus grand nombre de cas de guérison de phthisie, se retrouve constamment chez les malades qui ont fait un plus long séjour dans les pays tempérés. Mon opinion sur l'importance de cette acclimatation est si précise, que je n'hésite pas à poser ce principe :

Dès que le valétudinaire prend la résolution de quitter son pays pour aller à la recherche d'un climat plus doux, il doit se résigner à y séjourner non pas un seul hiver, mais bien plusieurs années de suite.

Je n'ignore pas que plusieurs médecins ne partagent pas cette opinion, parce que, d'une part, ils regardent comme dangereux d'enlever trop longtemps les malades à leurs habitudes et à leurs affections, et que d'autre part, ils attribuent à l'organisme le besoin de varier de sensations en changeant de lieu.

Comme il est impossible, dans l'espace de quelques mois, de guérir une phthisie pulmonaire ou même d'arrêter les progrès du mal, et comme d'autre part les déplacements trop fréquents compromettent les bons résultats acquis, je persiste à penser que la prolongation du séjour est entièrement indispensable.

En établissant ce principe, je ne prétends pas toutefois imposer au valétudinaire l'obligation de séjourner dans la même résidence pendant les autres époques de l'année.

Je me range à l'avis des praticiens les plus distingués, qui prescrivent à leurs malades, après

la saison d'hiver, de rechercher l'été des stations
à température moins élevée. Toutefois, cette
transition ne doit pas être trop brusque; pendant les mois d'avril et de mai, il faut choisir
des positions intermédiaires entre la mer et la
montagne, pour ne s'élever à des altitudes de
1,200 mètres que pendant les mois caniculaires.
C'est à ce moment qu'il faut réserver les voyages
en Suisse, dans le Tyrol, dans les stations bal-
néaires. Il est surtout dangereux pour les habitants du Nord, malades de la poitrine, de quitter
les pays tempérés aux premières chaleurs du
printemps :

« Que les malades, dit avec raison G. de
« Mussy, ne reviennent pas dans nos contrées à
« l'époque qu'on salue du poétique nom de prin-
« temps. C'est la plus mauvaise saison de l'an-
« née, la plus féconde en maladies, et surtout
« en affections des organes respiratoires. »

§ 4. — Résidences d'été pour les phthisiques.

Comme nous venons de le voir, la question
de la résidence d'été pour les malades de
la poitrine est très-importante à certains de-

grés et dans certaines formes de la maladie.

En parlant des climats d'été, le Dr Jaccoud conseille d'exclure ceux qui sont reconnus comme réellement débilitants, et de donner la préférence aux climats fortifiants. Cette action tonique présente plusieurs gradations, nettement formulées par Lombard, de Genève, qui les caractérise de la manière suivante : 1° climats plus doux que toniques appartenant à la zone au-dessous de 1,000 mètres; 2° climats toniques et vivifiants au-dessus de 1,000 à 1,300 mètres; 3° climats toniques et très-excitants de 1,300 à 1,800 mètres. Dans le choix de l'un de ces trois groupes, il faut se préoccuper de l'âge, du degré des lésions, de l'intensité des symptômes, et de l'excitabilité du malade. Voilà effectivement les règles générales à suivre pour faire un choix intelligent, de manière à éviter les sérieux accidents que déterminent les changements brusques de la pression barométrique.

Lorsqu'on parle des stations d'été pour les malades, les médecins, en général, ont l'habitude de conseiller la Suisse, parce que ce pays présente à ses différentes altitudes les trois groupes en question. Le Dr Jaccoud, après les avoir passées toutes en revue, depuis Interlaken situé à 500 mètres de hauteur, jusqu'à St-Moritz qui se trouve à 1,855 mètres, insiste sur ce principe que les stations d'été ne conviennent que pour les premières manifestations de la maladie.

Lorsque celle-ci présente des lésions notables et persistantes, il est beaucoup plus utile de mettre à profit la belle saison pour se rendre près d'une station thermo-minérale.

Si le passage d'une station d'hiver à une station d'été était toujours réglé d'après l'état pathologique du malade, et la connaissance exacte des diverses localités, l'on ne verrait pas nos malades perdre en très-peu de temps les bons effets de l'hivernation; malheureusement, lorsque le printemps arrive, la nostalgie, les sentiments affectueux de la famille, parfois aussi les besoins de distraction les pousse à rentrer, à revoir leur pays, ou à parcourir les villes, encore froides de l'Italie, avant de se rendre dans les stations d'été.

Convaincu depuis longtemps, de la réalité de ces dangers, parce que j'admets en principe que la guérison des maladies de la poitrine doit être

subordonnée tout à la fois, et à un changement
de climat au début de l'affection, et à un séjour
de plusieurs années dans l'endroit reconnu le
plus favorable, je devais indiquer une station
d'été intermédiaire entre la montagne et la mer.
Déjà, en 1863, j'avais conseillé celle de Saint-
Dalmas de Tende comme climat d'été aux personnes qui devaient revenir l'hiver sur nos rivages. J'espérais que cette résidence, malgré son
peu d'élévation au-dessus du niveau de la mer,
aurait pris, avec le temps, une place honorable
parmi les stations estivales.

Comme les conditions d'installation matérielle n'ont pas changé depuis onze ans, et comme
le trajet qui exige toute une journée de voyage
est trop long et trop fatigant, j'ai recherché at-
tentivement dans le groupe des montagnes des
Alpes qui dominent la Roya, une station, qui
pût se relier plus directement à la mer et qui
fût d'un accès plus commode.

Cette tâche m'a été facilitée par les études
que j'avais entreprises sur une source d'eau sulfureuse qui existe dans la vallée de la Nervia (1).

(1) Eau thermale sulfureuse de Pigna.

De nombreuses analyses chimiques ayant reconnu son analogie avec celle d'Enghien, de Marlioz, de Schinsnack ; et l'observation clinique son utilité dans les maladies des voies respiratoires, les affections de la peau et les rhumatismes, j'ai fait tous mes efforts pour la faire connaître et en vulgariser l'emploi.

Pendant le cours de mes études, de fréquentes excursions dans les environs, et sur le versant des Alpes qui forment la limite entre la France et l'Italie m'ont fait découvrir des localités parfaitement abritées qui par leur altitude (1200 mètres), leur exposition au midi, pourraient devenir avec le temps le centre de résidences estivales des plus salutaires.

Grâce à une heureuse combinaison financière qui a assuré la création prochaine d'un établissement près de la source même, j'espère que les stations de Cannes, Nice, Menton, Saint-Remo pourront trouver dans les eaux sulfureuses de Pigna un élément curatif nouveau pendant que les malades trouveront dans les fraîches et riantes prairies de Tanarda et de Sesseglio, des résidences d'été capables de rivaliser avantageusement avec celles de la Suisse.

Leur altitude (1,200 m. en moyenne), leur exposition heureuse, la facilité de communication avec les rivages de la mer me paraissent de sûrs garants de succès.

La source sulfureuse calcico-sodique de Pigna se trouve dans la partie supérieure de la vallée de la Nervia à 18 kil. de Vintimille.

L'analyse la plus précise est celle du professeur Gardella de l'université de Gênes ainsi formulée

	Centigrammes cubes.
Anhydride carbonique...	130,000
Acide sulfhydrique.............	4,343
	Milligrammes.
Sulfure de sodium.............	12,260
Sulfate de sodium.............	205,176
Carbonate de sodium..........	185,730
Sulfate de magnésie...........	42,904
Sesquioxyde de fer............	0,599
Phosphate de calcium..........	96,150
Chlorure de sodium...........	266,508
Chlorure de calcium..........	80,002
Iodure de sodium.............	0,066
Bromure de magnésium......	traces sensibles.
Silice......................	31,600
Alumine....................	traces.

Glairine, quantité sensible non pesée.
Résidu laissé par un litre d'eau, 920,000.
Température, 24 degrés centigr.

La route qui mène à la source de Pigna longe le côté droit de la rivière la Nervia traversant les pays de Campo-Rosso, Dolce Acqua, Isola

Buona et Pigna sur un parcours de 18 kil.
Elle est commode, elle a une largeur moyenne de
6 mètres, avec une pente très-douce qui n'excède
pas 2 1/2 p. 100.

La source naît aux pieds d'un énorme rocher qui forme l'un des côtés de la belle cascade
de la Nervia dite de Lago Pigo, elle est entourée
de magnifiques châtaigneraies qui seront comprises dans le parc de l'établissement thermal.

Les nombreuses promenades qui rayonnent
autour de Pigna sur les deux rives de la Nervia
seront très-utiles pour les malades : d'un côté,
celle qui conduit à Buggio, dernier pays de la
vallée de la Nervia entièrement adossée à la
montagne; de l'autre côté, la nouvelle route qui,
praticable même en petite voiture, serpente sur
une étendue de 6 kil. sur les flancs du mont
Gordale, en suivant dans son parcours les
sinuosités du torrent, elle est presque toujours
abritée par des châtaigniers de toute beauté.

Les excursions à la montagne en suivant les
routes que j'ai décrites au nord-ouest et au nord-
est de Pigna réservent aux touristes avec le
spectacle d'une merveilleuse végétation les émotions les plus variées et les plus imprévues.

§ 5. — **Plaines des Alpes, Tanarda et Sesseglio.**

Les prairies de Tanarda appelées selon moi à un grand avenir estival sont à l'altitude de 1,200 mètres, on y arrive par une route ancienne et roide que l'on parcourt en 3 heures.

Lorsque la route de Gordale sera réunie par des lacets commodes, à l'autre portion qui sillonne la crête de Tanarda l'on pourra visiter ces prairies avec d'autant plus de facilité que cette agréable promenade pourra se faire presque toute en voiture en deux heures.

La nature alpestre de ces montagnes réserve sur ce point au touriste émerveillé les plus agréables surprises, au nord-est les monts Gerbonte et Ceppo qui font partie de la chaîne de l'Argentina ; au nord-ouest les montagnes de Pietra-Vecchia, des Graie, de Marta.

Le touriste retrouvera aussi dans ces excursions les souvenirs historiques des combats que se sont livrés au commencement du siècle les troupes Austro-sardes, et les légions Françaises, et qui ont amené la chute de la forteresse de Saorgio. A l'ouest le mont Torraggio, et le cours de la Bendola avec ses forêts vierges, encore inexplorées, fourniront aux plus intrépides le moyen de se procurer des émotions aussi vives que variées.

La société d'exploitation des forêts de la Nervia a doté cette partie des Alpes d'un réseau de routes de 40 kil. d'étendue praticables en petites voitures. En quittant Pigna le matin on pourra parcourir à des altitudes diverses les sommets des monts Gordale, Tanarda, Graie, Sesseglio, Marta, Muraton, Gota, l'Argilleo, visiter les riantes vallées de Sesseglio, de la Bendola, du bois des Ours et revenir coucher le soir au point de départ.

Pour mieux faire comprendre aux lecteurs l'importance que l'avenir réserve à cette contrée comme station thermale, et comme résidence d'été, j'ai réuni dans un tableau les distances qui la séparent des principales villes d'hiver du littoral.

Stations d'hiver.	Kilomètres.	Heures en chemin de fer.
Cannes à Vintimille	66	2 1/2
Nice à —	35	1, 20
Menton à —	10	0, 20
San Remo à —	16	0, 40

		Heures en voiture.
Vintimille à Pigna	18	1 1/2
Pigna à Tanarda	18	3
Tarnada à Sesseglio	6	1

De Cannes à la source thermale (84 kil.), il faudra donc 4 heures de voyage, partie en chemin de fer, partie en voiture, trois heures environ en partant de Nice (53 kil.); un peu moins de 2 heures de Menton (26 kil.), et 2 heures de San Remo (34 kil.).

Arrivé à Pigna le voyageur s'élève au bout de 3 heures à une altitude de 1200 mètres.

De ce point on peut se trouver en 4 h. 1/2 à la portée du double réseau des chemins de fer de l'Italie et de la France, et par l'installation d'une ligne télégraphique correspondre avec toutes les contrées du monde. Faisons des vœux pour la prompte réalisation de ce projet qui doit rendre de si grands services à ceux qui vont chercher la santé si loin de leurs foyers domestiques !

Avant de terminer ce chapitre je dois ajouter que depuis deux ans j'expérimente les eaux de Pigna à l'établissement de bains de Menton, soit sous forme d'inhalation dans une salle expressément installée pour les maladies chroniques de la gorge, soit en bains. Les résultats que j'ai obtenus jusqu'ici sont des plus satisfaisants.

CONCLUSION

L'étude de l'influence du climat comme moyen curatif dans les maladies lentes de la poitrine me conduit aux conclusions suivantes :

1° Si la phthisie, au dire des pathologistes les plus célèbres, est rarement guérissable lorsque, entretenue par une diathèse tuberculeuse, elle est accompagnée de graves altérations pulmonaires, elle devient curable à ses diverses périodes alors qu'elle est la conséquence de processus pneumoniques variés.

2° Dans les affections franchement tuberculeuses, le climat ne peut devenir un élément actif de curation qu'à la condition d'être conseillé aux débuts de la maladie, c'est-à-dire avant l'évolution des lésions organiques qui caractérisent la maladie.

3° Les climats chauds, secs et toniques ne conviennent pas aux personnes frappées de phthisie à tempérament nerveux et irritable, à cause des réactions trop énergiques qui se produisent dans l'organisme. Les climats de Madère, Pise, Venise, Pau sont dans ces cas plus efficaces.

4° Les climats toniques, stimulants, comme Nice, Menton, Cannes, Hyères, Naples, etc., doivent être conseillés de préférence aux personnes douées d'un tempérament mou, lymphatique, peu irritable, chez lesquelles les fonctions digestives s'accomplissent avec peu d'activité et aux valétudinaires chez qui domine l'élément scrofuleux.

5° Il est indispensable pour les malades atteints de la poitrine d'émigrer dans les climats tempérés du Midi aux premiers débuts de l'affection, et de séjourner pendant plusieurs années jusqu'à guérison complète dans la station qui aura été jugée la plus propice.

6° Lorsque l'élément nerveux complique la forme torpide et scrofuleuse, il convient de choisir dans les diverses localités du groupe des climats toniques des résidences plus ou moins éloignées du rivage de la mer, et plus ou moins avancées dans l'intérieur des terres selon les diverses modalités de l'organisme.

7° Quoique placé dans le groupe des climats secs et toniques, Menton possède incontestablement deux zones climatoriales distinctes : l'une excitante sur les rives de la Méditerranée, l'autre moins stimulante et sédative, au milieu des vallées et des accidents de terrain de la région des collines.

BIBLIOTHÈQUE NATIONALE R.F. IMPRIMÉS

CHAPITRE V

En prenant ce titre de conseils aux malades, je n'ai pas la prétention de faire acte d'autorité à tout prix, en leur imposant mes idées.

Ma longue expérience des nuances climatériques de la contrée, et des modifications salutaires qu'elles suscitent, me donne le droit d'exposer des opinions personnelles, consciencieuses et réfléchies.

Le malade qui quitte le plus souvent les pays septentrionaux, quelle que soit la gravité de sa maladie, après avoir supporté de longues fatigues, arrive plein d'espoir au lieu de destination.

S'abusant dès les premiers jours sur la valeur salutaire du climat, il se persuade volontiers que l'atmosphère ambiante doit amener une amélioration immédiate, et faire pour ainsi dire des miracles. S'il est déçu dans son espoir il se laisse gagner par le découragement sans pouvoir se persuader que les effets des climats sont essentiellement lents à se produire.

Tous les malades, et plus particulièrement nos compatriotes s'exagèrent cette influence médicatrice, parce qu'ils se décident à émigrer au dernier moment, qu'ils se déplacent plus rarement, et qu'ils ne partagent pas l'esprit de cosmopolitisme des Anglais, des Russes et des Allemands.

Le passage brusque des climats du Nord à ceux du Midi a pour effet immédiat d'engendrer dans l'organisme des modifications qui se font sentir de préférence sur les fonctions digestives, et sur la circulation. Maintes fois j'ai constaté des diarrhées survenues aux premiers jours de l'arrivée. Dans d'autres circonstances j'avais devant moi des sensations de plénitude, d'exagération de la circulation, d'irritation de la muqueuse bronchique, d'augmentation de la toux.

Cet ensemble de symptômes que les valétudinaires regardaient comme des indices d'aggravation n'étaient pourtant que les effets du climat, et disparaissent aussitôt après une acclimatation, dont la durée ne dépassait pas quinze ou vingt jours.

Pendant cette période le malade doit résister au sentiment de curiosité qui le porte à visiter, et à connaître de suite sa nouvelle résidence.

Ne se préoccuper que du soin de son installation intérieure.

Ne pas prolonger ses promenades jusqu'à la fatigue.

Se bien pénétrer de l'idée que, pour être efficace, l'action tonique du climat doit être graduée.

Consulter le médecin sur le choix du quartier, tels doivent être les premiers devoirs du valétudinaire.

Je ne veux pas régler d'avance l'emploi des heures de la journée, et les conditions de vêtements, d'installation d'appartement, d'orientation, d'alimentation, parce qu'il ne me convient pas de m'ériger en Mentor.

Tous ces détails cependant, sont loin d'être trop minutieux, et ces recommandations trouvent une raison d'être, dans l'hygiène du malade, et dans la thérapeutique des climats.

Parmi les indications essentielles se placent

en première ligne l'influence du soleil, et de la température du jour.

Le premier, cet agent bienfaisant, si ardemment convoité devient parfois une source de complications fâcheuses. Les malades ont toujours l'habitude de rester des longues heures soit sur la promenade du midi, soit dans des jardins particuliers, choisissant de préférence les endroits les plus abrités, et ils se placent contre un mur, de manière à ressentir en dehors de l'action directe des rayons solaires la réverbération même des murailles, ou des habitations voisines.

La chaleur quand elle devient excessive congestionne aisément les organes de la poitrine, et bien souvent dans les maladies à forme sub-aiguë ou congestive, à la suite d'un séjour trop prolongé au soleil, on voit survenir des crachements de sang qu'il aurait été facile d'éviter.

Il est aussi très-dangereux de passer brusquement du soleil à l'ombre, comme cela se présente pendant certaines promenades.

Pour que l'action du soleil soit salutaire, et fortifiante, elle doit se faire ressentir sur toutes les fonctions de la vie.

6.

Il ne faut pas oublier d'interrompre la marche par des temps de repos bien ménagés.

Pour ce qui concerne la température, il serait absurde de vouloir régler ses faits et gestes de la journée sur les degrés d'un thermomètre, mais il n'en faut pas moins éviter les oscillations thermométriques si fréquentes dans le midi à certaines périodes de la journée.

Je laisse naturellement de côté l'écart qui se produit entre la température minima de la nuit et celle maxima du jour.

Cet écart ou variation nyctoémérale est en moyenne de 6° pendant l'hiver. La température minima de la nuit s'observe quelques instants avant le lever du soleil ; à partir de dix heures du matin, elle s'élève pour atteindre son maximum à deux heures de l'après-midi et subir un abaissement instantané au moment du coucher du soleil. Cet abaissement est plus accentué dans les lieux ombragés et dans les vallées qu'aux expositions du midi ; il s'accompagne toujours de phénomènes de rosée. En raison de ces variations, le temps de la promenade et des sorties doit être compris entre dix heures du matin et quatre ou cinq heures du soir. Jamais le malade ne doit se laisser surprendre par le crépuscule dans une vallée.

Le soin que j'ai mis à indiquer la véritable exposition des divers quartiers de Menton, et à désigner les lieux de promenade les plus heureusement disposés, me dispense de détails complémentaires. J'espère toutefois dans l'intérêt de tous que les vœux que j'ai formulés à ce sujet seront promptement réalisés.

CHAPITRE VI

Dans la première édition de mon *Essai climatologique de Menton* (1863), je terminais mon travail par quelques conseils aux habitants; quoique l'avenir du pays comme station d'hiver soit aujourd'hui complétement assuré, les grands travaux que seuls peut entreprendre l'association collective des capitaux et des intérèts sont restés en grande partie à l'état de projets. Prévoyant que l'énorme affluence des malades vers les stations d'hiver nous placerait dans la nécessité de demander à des localités plus éloignées de la mer, les conditions de calme et d'abri que l'on ne rencontre pas toujours sur le rivage, j'avais indiqué l'utilité d'un boulevard à mi-côte et sa facile exécution.

Il ne m'appartient pas de rechercher si l'initiative de cette création devait partir de l'Administration municipale ou de l'entente des propriétaires réunis, je constate avec regret que cette œuvre qui aurait pour ainsi dire doublé l'importance de la ville n'est plus réalisable aujourd'hui à cause de la direction que prend sur ces mêmes terrains la ligne du chemin de fer. Une entente préalable avec la Compagnie aurait nécessairement amené l'ouverture de routes nouvelles dans la direction des vallées.

Les avantages incontestables de cet ensemble de projets, s'élevant à la hauteur d'une question vitale pour la station d'hiver, viennent d'être reconnus et proclamés par la voix autorisée des savants médecins.

Leur appréciation me donne le droit et le devoir de dire de nouveau aux habitants de Menton :

Votre avenir est brillant et certain, mais pour le maintenir dans d'aussi heureuses conditions, ne négligez pas le moindre recoin de terre qui vous offre du calme et de l'abri. Créez des routes, car sur ces routes surgiront incontinent des maisons !

Si l'Association constitue la véritable source des grandes richesses industrielles, pourquoi ne l'appliquerions-nous pas dans un pays aussi riche et aussi favorisé par la nature que Menton?

Il est si facile d'ailleurs d'atteindre ce but. Qu'au moment d'ouvrir une route, un boulevard reconnus utiles, les propriétaires riverains se contentent de bénéficier de la plus-value des terrains, qu'ils renoncent à réclamer des indemnités pour les parties qu'ils vont céder.

L'Administration municipale se trouve souvent dans l'impuissance de satisfaire des prétentions quelque légitimes qu'elles puissent être; c'est donc à l'initiative individuelle et collective de venir en aide à la commune, en cédant les terrains gratis, en lui laissant seulement les charges de l'entretien.

Si ce système avait prévalu, que de grands travaux n'aurait-on pas exécutés à Menton, que de bénéfices n'aurait-on pas réalisés?

Qu'il me soit permis à ce propos de féliciter MM. Martini et Gastaldy frères, d'avoir adopté les premiers ce principe, ouvrant des rues et cédant gratis le terrain nécessaire.

En passant en revue les différents quartiers de la ville, j'ai indiqué les endroits qui m'ont paru susceptibles de devenir le centre de ces résidences abritées, qui sont considérées comme indispensables dans certaines formes et pendant certaines périodes de la phthisie pulmonaire.

Animé par cette impartialité qui me conduit à éclairer l'opinion au point de vue médical et hygiénique, j'ai fait ressortir l'importance de la création de nouveaux quartiers dans la baie orientale, afin de donner aux malades, qui préfèrent la douceur de cette baie, le moyen de faire des promenades à pied et en voiture sans sortir de son enceinte. Je rappellerai donc de nouveau la possibilité d'utiliser les terrains à mi-côte qui se trouvent compris entre le torrent de Garavan et le Pirroné; en créant deux routes, l'une, partant de la traverse de la pension Beau-Site, se continuerait par le chemin de la maison Coulon, et après avoir traversé les propriétés limitrophes, Toselli et Pretti, etc., irait rejoindre aux Cuses la route Nationale ; l'autre moins développée longerait le cours du torrent. Le ravin de Saint-Jacques pourrait être transformé à son tour de manière à devenir un vrai refuge contre les vents. Deux routes seraient indispensables pour réaliser ce projet. L'une sur les *rives* du *Pian*, se continuant à travers les si-

nuosités des *Romangrises* et de *Guillons* infé-
rieurs ; l'autre longeant le ravin à la hauteur
de la propriété Daziani, se développerait à travers les oliviers qui constituent les *Figaréasses*
et se continuerait sur le plateau qui côtoie le
chemin de fer au-dessus de Sainte-Marie, afin
d'aboutir ensuite au chemin Bosano près de
Sainte-Anne.

Je n'ignore pas que, pour favoriser les études
des routes de la vallée de Saint-Jacques, une
heureuse entente s'est déjà établie entre les
principaux propriétaires. Je désire ardemment
que tous persistent dans cette bonne voie ; ce
serait un bon exemple à donner aux autres, et
la réalisation de ces projets doublerait la valeur climatologique de cette baie qui jouit d'une
température douce et uniforme.

La baie occidentale, depuis le Fossan jusqu'à
Carrei, étant destinée à devenir le centre de
Menton, il est indispensable que la transformation puisse s'opérer d'après un système de
rues préalablement établi sur un plan bien
étudié. Il ne faut pas lésiner sur quelques mètres de terrain ; les rues doivent être larges,
spacieuses, afin que les maisons ne se gênent pas

les unes les autres et qu'elles ne perdent pas le bénéfice du soleil qu'on vient chercher de si loin. Toutes les rues doivent être munies d'égouts collecteurs faits à hauteur d'homme.

Dans cette partie de la baie occidentale, il convient, avant tout, de faire disparaître l'abattoir, et de relier par des rues d'un accès facile, tous les terrains situés au-dessus de la ligne du chemin de fer, et à une distance moyenne de 400 mètres.

Les terrains de Saint-Michel, des Rigaudi, des Vignasses, des Pigautiers et des Carnolès, qui sont situés à une distance moyenne de 400 mètres du rivage de la mer, font partie constituante de ce groupe de localités sur lequel j'ai tant insisté, parce qu'il mérite réellement d'être pris en sérieuse considération. Que les habitants de ces quartiers se persuadent bien, que d'eux seuls dépend en grande partie l'avenir de cette région. Depuis de longues années, la ville a fait de grands sacrifices pour doter Menton d'une promenade au midi.

En arrivant aux bords du Borrigo, le promeneur jette un regard avide sur le cap Martin; mais, comme les fils d'Israël, il soupire vers la terre promise. N'ayant pas la mer Rouge à traverser, nous n'avons pas besoin du miracle de Moïse, mais un pont jeté sur le Borrigo, des murailles et des parapets construits le long du rivage, permettraient aisément de continuer cette promenade tant désirée, si pittoresque et si utile aux malades. Beaucoup de propriétaires m'ont assuré qu'ils feraient le sacrifice du terrain sans réclamer d'indemnité.

Qu'ils se réunissent dans une entente cordiale, et la ville de son côté, j'en ai la certitude, complétera les mesures nécessaires à la création de cette magnifique promenade.

Pour compléter les conseils que je me permets d'adresser aux habitants, je n'ai plus que quelques mots à dire sur la route des Cabroles et sur les destinées de cette région. Pendant mon dernier voyage, comme je plaidais aux Eaux-Bonnes la cause de Menton, auprès d'un médecin des plus distingués de Paris, mon interlocuteur m'interrompit en ces termes : « Trouvez dans votre magnifique contrée une localité éloignée de la mer qui puisse se comparer au Cannet de Cannes, et vous aurez rendu un grand service à la prospérité du pays, juste objet de votre prédilection. »

Je caressais depuis plusieurs années la pensée de faire des Cabroles une délicieuse résidence d'hiver, et lorsque je fis part de ma découverte à cet honorable confrère qui connaît parfaitement Menton, il prit avec moi l'engagement de se rendre sur les lieux pour en apprécier la valeur médicale.

Les considérations qui précèdent, prouvent à l'évidence l'importance que l'avenir réserve à ce petit hameau adossé à la montagne de Sainte-Agnès. Avec des éléments aussi assurés de prospérité, il faut se mettre en mesure d'en hâter la réalisation le plus promptement possible. Qu'on se hâte donc de rendre praticables aux voitures ces deux kilomètres de route, afin de pouvoir se rendre commodément aux Cabroles. Du moment où nos hôtes d'hiver auront pu apprécier l'excellence de ce climat, à l'abri des vents, à l'air embaumé, ils ne pourront résister au désir de planter leurs tentes sur le sol où les gigantesques palmiers des jardins publics de Carreï ont trouvé des conditions de chaleur si favorables à leur développement.

Quelques conseils encore au point de vue de l'hygiène publique et de la salubrité. Je réitère

mes vœux pour que l'exécution des grands
égouts collecteurs soit promptement commencée
par les soins de l'administration des ponts et
chaussées, ainsi qu'elle en a donné l'assurance.
Que le lit des torrents, et principalement de celui
du Carreï soit assaini, en y interdisant l'accès
des eaux ménagères des villas et hôtels riverains, ou en exigeant qu'elles soient transportées
à la mer par un égout collecteur.

Des mesures analogues doivent être adoptées
pour les abords de la promenade du Midi, et
pour ceux de l'entrée de la ville du côté de la
porte Saint-Julien.

Dans des lettres que j'ai publiées l'année dernière sur les conditions hygiéniques de la ville,
j'ai démontré la nécessité d'une réforme importante dans les systèmes de vidanges.

Il faut remplacer les moyens actuels très-peu
en rapport avec les exigences de l'hygiène publique, dans une station climatologique de premier ordre, par les systèmes pneumatiques
adoptés dans toutes les grandes villes de France.

Sans craindre de me rendre importun, je ne
me lasserai pas de recommander à la municipalité et aux habitants, la plus stricte observance

des règles de l'hygiène publique ; si l'on veut que le séjour de Menton soit le plus recherché et le plus confortable, il faut modifier les constructions anciennes et les habitudes locales, de manière à mettre les unes et les autres à la hauteur des règles bien entendues de l'hygiène, et des exigences des hôtes que nous sommes heureux de fixer dans nos contrées.

Je recommande aussi, d'une manière toute particulière, à notre intelligente et dévouée municipalité, la question relative aux réservoirs d'eaux de nos campagnes.

La richesse et la prospérité des plantations de citronniers dépendent, je le sais, à défaut de cours d'eau d'arrosage, de la capacité de ces réservoirs où l'on recueille pendant l'hiver l'eau nécessaire aux besoins de la saison.

Si les moyens adoptés pour compléter la provision de l'eau ne présentent pas d'inconvénients, il n'en est pas de même de la manière dont on la conserve et dont on la distribue. Ces immenses réservoirs d'eau sont ouverts, et renferment pendant plusieurs mois, de novembre à juin, des eaux souillées par des détritus végétaux, de la vase infecte et des insectes qui par myriades naissent, vivent et meurent dans ce milieu; cette eau exposée pendant huit mois aux rayons d'un soleil caniculaire, brûlant, est utilisée l'été pour arroser les plantations avec la parcimonie d'un bon père de famille qui ne veut pas vider sa cave tout à la fois.

Ce mode d'arrosage engendre nécessairement des émanations nuisibles à la santé, et comme conséquence immédiate, des fièvres intermittentes.

La municipalité ne pourrait-elle pas conseiller aux propriétaires de recouvrir les susdits réservoirs au moyen de voûtes en maçonnerie, de manière à les garantir du soleil, tout en éloignant les dangers de s'y noyer, comme cela est déjà malheureusement arrivé?

Pourquoi ne pas exiger qu'à l'approche de la saison des pluies, tous les réservoirs soient soigneusement récurés et assainis par l'addition d'une quantité de sulfate de fer proportionnée à leur capacité cubique?

Des observations médicales, que je m'abstiens de citer, viennent confirmer mes appréciations. J'adjure les propriétaires de tenir compte des dangers que j'ai signalés, et de la possibilité d'y porter un remède aussi prompt qu'efficace.

Avant de quitter la plume, je me fais un devoir et un plaisir de rendre hommage à l'éminent maire de la ville, le chevalier Médecin que j'ai toujours trouvé disposé à favoriser les intérêts du pays, et qui a constamment accueilli, avec autant d'empressement que de bienveillance, les conseils hygiéniques qui lui étaient exprimés.

Mes dernières paroles doivent être des paroles de remercîment et de reconnaissance à l'adresse de tous les habitants de Menton, qui ont bien voulu m'apporter leur concours pour l'impression de ce travail.

Je m'estimerais très-heureux si j'avais pu atteindre le but, objet de ma plus vive sollicitude :

1° Venir en aide aux malades de l'hôpital, au profit desquels se vendra ce livre ;

2° Être utile à la prospérité du pays.

FIN.

A

M. LE DOCTEUR A. SABATIER

———

J'associe votre nom à la partie médicale de mon livre sur Menton, en reconnaissance des bienfaits que vous y avez répandus, et comme un faible témoignage de mes sentiments de confraternité et de profonde sympathie.

Dr FARINA.

Menton, *Janvier* 1875.

MENTON

MÉDICAL

Dans un ouvrage publié en 1863, et qui vient d'avoir les honneurs d'une deuxième édition, je me suis efforcé de déterminer les caractéristiques climatologiques essentielles du climat de Menton, et d'étudier son importance comme station d'hiver.

Je me plais à regarder cette publication comme aussi intéressante pour les malades que pour les médecins.

Les premiers y trouveront les renseignements qui leur sont indispensables pendant leur séjour dans notre contrée;

Les seconds pourront y puiser des éléments de conviction, dans le choix des localités les plus convenables pour leurs malades.

Ce travail formera la deuxième partie du premier, son complément naturel.

Toutefois, en songeant que les malades n'auraient trouvé qu'un médiocre intérêt dans la lecture d'observations purement médicales, je me suis décidé à en faire une publication indépendante, à l'adresse exclusive des médecins, quoique réunie dans un même volume.

Je me propose donc de faire connaître Menton sous le rapport médical, c'est-à-dire :

1° De donner un aperçu des maladies régnantes ;

2° D'indiquer leur marche et leur succession ;

3° De préciser la nature des maladies épidémiques qui ont régné depuis vingt-cinq ans ;

4° D'en déterminer l'importance en rapport avec les conditions du sol.

Cette étude présentera de l'intérêt pour les médecins, parce que de l'examen consciencieux des maladies qui se sont succédé dans une contrée, pendant cette période d'un quart de siècle, ils pourront déduire des conclusions logiques sur ses qualités médicales. Comme je m'adresse aux médecins, j'ai choisi pour mon exposition la méthode nosologique de classement par ordre d'organes et d'appareils.

Après avoir donné une idée sommaire de la marche des diverses affections, je relaterai succinctement les cas qui m'ont paru offrir le plus d'intérêt, et je résumerai enfin cette longue succession de maladies sous la forme de tableaux synoptiques ; ces tableaux donnent les statistiques de l'hôpital, en tenant compte des saisons, du sexe et de la nationalité.

CHAPITRE PREMIER

§ 1. L'étude approfondie de la nature nous conduit à admettre cette grande vérité, que l'organisation et la vie dans le règne animal et le règne végétal sont subordonnées à l'influence du climat. La plante, née sous une latitude déterminée, ne peut être impunément transportée sur un autre point géographique, si elle n'y retrouve des conditions favorables de sol et de météorologie. L'homme tirant de même de l'influence climatérique, non-seulement des qualités particulières, des propriétés caractéristiques, mais encore la force nécessaire pour lutter contre les causes qui provoquent la détérioration de la race, il devra de toute nécessité ne s'exposer que graduellement aux changements de climat; par cela même que les organismes appartenant aux deux règnes, se trouvent intimement liés au lieu qui

les a vus naître, ils acquièrent des qualités propres qui constituent des types particuliers, ou
familles bien distinctes, aussi bien sous le rapport physique que sous le rapport moral.

§ 2. L'habitant de Menton possède, physi-
quement, le type de la famille ligurienne dont
il est issu, et dont il peut être considéré comme
faisant partie intégrante au point de vue géographique.

Généralement, chez l'homme comme chez la
femme, le teint est brun, la figure ovale, l'angle
facial très-prononcé, les yeux noirs, bien taillés,
ce qui leur donne, surtout à la femme, une
expression de douceur qui prévient de suite
en leur faveur. Le corps est bien développé, et
les difformités s'y rencontrent très-rarement.

Les productions du sol ayant été pendant des
siècles la seule ressource du pays, il n'est pas
étonnant que l'habitant qui se livre exclusivement aux travaux agricoles, en ait retiré cette
force d'équilibre dans tous ses mouvements, qui
favorise le développement de tous les systèmes
et de tous les organes.

Pour se convaincre de cette vérité, il suffit de
jeter un coup d'œil sur la contrée et sur sa vé-

gétation. La persévérance de l'homme a tout créé ; les coteaux arides, rocailleux, ont été rendus à une culture florissante à force de fatigues et de soins. Dans ces charmantes terrasses plantées d'oliviers et d'orangers, qui couvrent avec art les flancs des collines et des vallées, l'on retrouve à chaque pas la main industrieuse de l'homme. Il faut assister aux travaux de défrichement d'un coteau, pour voir combien il exige de peine et de temps avant d'être transformé en terrasses bien plantées ; il faut voir avec quels soins sont creusés les réservoirs destinés à recueillir, pendant l'hiver, l'eau pluviale nécessaire pendant l'été pour l'arrosage de la nouvelle plantation. La culture des vignes et des oliviers n'est pas moins laborieuse.

Cette tâche est réservée aux hommes, et ceci explique pourquoi le métier de cultivateur absorbe à peu près la moitié des hommes valides.

L'autre moitié comprend, d'une part les marins sobres et intrépides qui se livrent au petit cabotage, de l'autre les professions sédentaires telles que boulangers, serruriers, cordonniers, coiffeurs, tailleurs, etc.

Il résulte de là que sous le rapport des professions l'homme se trouve donc placé dans d'excellentes conditions qui, le faisant vivre en plein air, favorisent son développement physique.

§ 3. La femme qui partage les mêmes fatigues, mène une vie également laborieuse; si, comme l'homme, elle n'est pas occupée au défrichement de la terre, elle est chargée des parties accessoires du travail, elle s'occupe des petits soins de la culture, de l'arrosage, du transport des denrées, des soins de la famille : ces exigences de la vie demandent une grande activité et une dépense de force musculaire quelquefois excessive.

Si à l'homme reviennent les soins de la culture et de la cueillette des citrons, à la femme incombe exclusivement le transport de ces fruits délicats. La porteuse de citrons forme un type unique dans la contrée; elle transporte sur sa tête des quantités énormes de fruits, disposés avec ordre dans des corbeilles recouvertes d'une toile grossière, dont elle se sert comme point d'appui pour les maintenir en équilibre. Il faut voir avec quelle aisance ces femmes, à la cambrure gracieuse et aux reins flexibles, descendent à travers les pentes des coteaux, se jouant des difficultés du terrain, pieds nus, infatigables, souriantes, et toujours chantant de gaies chansons. Ce dur métier exige un véritable apprentissage ; on n'arrive pas à charger sur sa tête une corbeille contenant 500 ou 600 citrons, sans avoir passé par les degrés intermédiaires. Les mères commencent de bonne heure à apprendre le métier à leurs filles ; à l'âge de douze ans, on leur confie de petits fardeaux, et avec le progrès de l'âge elles arrivent à lutter en force et en agilité avec les mères. Il résulte de là, qu'au moment de la puberté, au lieu de briser son corps dans des métiers pénibles qui empêchent le développement physique, elle se soumet au contraire à une sorte de gymnastique journalière qui favorise le développement de l'organisme tout en accentuant les grâces et la souplesse.

La femme est, en outre, chargée, dans les magasins à citrons, de ranger les fruits dans des caisses ; ce travail est ainsi réservé aux moins robustes, et à celles qui sont retenues en ville par les soins de la famille. Si la porteuse de citrons peut être considérée comme le plus beau type de la femme de Menton, à savoir celle qui pré-

sente les formes plus parfaites en raison des fatigues musculaires et de la vie en plein air,
celles qui vivent continuellement dans les magasins, au milieu des émanations odorantes des
citrons, contractent à la longue une exagération
de la sensibilité qui les prédispose aux affections
nerveuses, et aux varices des jambes.

Jadis les occupations de la femme ne s'éten-
daient pas au delà de la culture, de la récolte et
de la vente des citrons, mais depuis que Menton
est devenu station d'hiver importante, la femme
abandonne entièrement le rude métier des champs
pour se livrer à celui plus lucratif de domestique,
de blanchisseuse, de repasseuse et de couturière.
Si elle a un peu gagné au point de vue de ses intérêts, elle a beaucoup perdu sous le rapport de
la force physique. Les soins minutieux d'un métier qui l'occupe toute la journée, bien souvent
une partie de la nuit, selon la concurrence et
l'exigence du travail, la vie en commun dans des
salles peu spacieuses remplies de vapeurs humides et chaudes, les émanations de mauvaises
lampes à pétrole, nuisent à sa santé et la prédis-
posent aux affections de la poitrine, et aux troubles de la circulation.

§ 4. Ce que je viens de rappeler du type des habitants et de leurs occupations, doit nous donner une idée de leur tempérament.

Chez l'homme, le tempérament est généralement sanguin ; chez la femme, c'est la nuance nerveuse et lymphatique qui prédomine ; toutefois cette dernière forme tend à disparaître de plus en plus. On s'étonnera peut-être que chez un peuple qui vit au bord de la mer, qui mène une vie si laborieuse et qui jouit par sa profession d'un bien-être relatif, le lymphatisme puisse se manifester de la sorte. Je dois avouer qu'en venant me fixer à Menton, en 1850, je ne pus tout d'abord me rendre compte de cette particularité dans le tempérament des habitants, d'ailleurs beaucoup plus générale alors qu'aujourd'hui.

Les qualités du sol, l'air de la mer se trouvant en opposition flagrante avec le développement d'une semblable affection, j'ai dû me livrer à un travail rétrospectif, et rechercher dans la vie antérieure des habitants les causes d'une maladie qui devait leur être inconnue.

L'homme comme tous les autres êtres de la création, est soumis à des lois qui déterminent les races, et règlent l'accomplissement régulier des fonctions; les plantes et toutes les espèces animales, quand elles ne sont pas conservées dans des conditions favorables à leur reproduction, se détériorent et finissent par perdre leur type primitif; chez elles, les causes de cette détérioration sont exclusivement limitées aux fonctions végétatives et de reproduction. Les causes, qui chez l'homme déterminent l'affaiblissement de la race, doivent être recherchées non-seulement dans l'accomplissement régulier des fonctions de la vie organique et de la reproduction, mais encore dans les influences morales; celles-ci dans les moments de crises politiques ou sociales peuvent avoir une très-grande influence dans son développement. Toutes ces causes ne se trouvent jamais réunies chez un peuple qui, par sa position, peut se disséminer dans des grands centres qui ont une vie et une autonomie propres. Mais si ces grands centres sont pour ainsi dire fractionnés et réduits à l'expression primitive de l'unité sociale, au pays, ils présenteront toutes ces causes réunies et concentrées sur un seul point; dès lors leur influence sera d'autant plus nuisible qu'elle se fera toujours sentir dans un espace ou rayon d'action très-limité.

Cette argumentation, lorsqu'on l'applique à Menton, nous donne la raison d'être dans le tempérament de ses habitants de la prédominance du système lymphatique, prédominance qui naturellement se trouvait jadis plus accentuée.

§ 5. Monaco qui a toujours joui du privilége d'une individualité politique propre, quoique enclavée dans l'ancien royaume de Sardaigne, n'a éprouvé que par contre-coup les influences de la grande Révolution française de 1793. Réunie à la France, ainsi que le comté de Nice, elle dut en supporter les charges et les devoirs ; mais tout en sortant pour la première fois de leur vie paisible et patriarcale, les habitants n'éprouvèrent pas ces grandes secousses morales qui exercent une influence si profonde sur l'existence sociale d'un peuple; associés dès lors à la fortune politique du César français ils fournirent à l'armée des soldats courageux et intrépides, l'honneur du pays. Lorsque l'étoile du grand conquérant s'éclipsa, et que la Sainte-Alliance imposa ses hautaines conditions à la France, une note additionnelle écrite de la main de Talleyrand en marge du traité de Vienne rendit ses États au prince de Monaco.

En prenant possession de la principauté,
Honoré V, esprit aussi sage qu'éclairé, embrassa
d'un coup d'œil les besoins et les justes exigences
de ses sujets, adopta des créations utiles, et mit
la législation de son pays en harmonie avec les
lois françaises.

Si Honoré V avait vécu au milieu de son peuple, il l'aurait incontestablement rendu très-heureux, mais la nécessité de déléguer son autorité
à des agents subalternes, qui n'avaient d'autre
but que de monopoliser en leur faveur, par des
mesures vexatoires, les institutions bienfaisantes
du prince, a engendré bientôt les vexations et la
misère.

La mouture du blé pour laquelle le prince s'é-
tait arrogé le privilége, par la construction de
plusieurs moulins, fut confiée à un entrepreneur
qui l'exploita à son profit. Les farines de premier
choix étaient revendues sur les places de Nice et
de Marseille, et les habitants de Menton étaient
forcés de se nourrir des farines provenant des blés
avariés, de fèves, de farine de maïs, de haricots
de mauvaise qualité; de très-fortes amendes
étaient imposées aux personnes chez lesquelles on
trouvait quelques morceaux de pain provenant

des pays voisins de Castellar et de Vintimille.

Si, après les secousses de la Révolution française, le pays était entré franchement dans une période de vie normale et de réparation, les maux qu'il avait dû endurer pendant tout ce bouleversement social, n'auraient laissé sur son organisme qu'une empreinte passagère ; mais après les péripéties de ces luttes politiques, forcé de subir à nouveau le joug d'une domination d'arbitraire et de monopole, il ne put se refaire et commença à s'affaiblir.

§ 6. Au prince Honoré V, mort subitement lorsqu'il avait l'intention d'améliorer la position de ses sujets, succéda Florestan Ier, qui, incapable de comprendre sa position, ne vit dans le pouvoir qu'un moyen de pressurer son peuple, et qui arriva à obtenir par toute sorte d'impôts d'une population de huit mille habitants, chiffre auquel s'élevait toute la principauté, une rente annuelle de 350,000 francs.

Cet état de choses se prolongea jusqu'à l'année 1848. A ce moment Menton et Roquebrune, fatigués d'une vie de privations de trente-trois ans, voulurent profiter des réformes libérales, octroyées au royaume sarde par le roi Charles-

Albert, et secouèrent le joug du prince en se
constituant en villes libres sous la protection de
la Sardaigne : elles vécurent ainsi d'une autonomie propre jusqu'en 1860, époque de leur
annexion à la France.

Quelles furent, pour la population, les conséquences de cette funeste période de trente-trois ans
de famine ? L'appauvrissement de la race favorisé par les trois causes suivantes : 1° affaiblissement des fonctions de la vie organique, par le fait
d'une alimentation des plus mauvaises ; 2° mariages contractés entre des individus affaiblis par
la misère, perpétuant ainsi les maladies de nature
héréditaire ; 3° souffrances morales infinies par
suite de la nécessité de conspirations incessantes,
afin de chercher les moyens de sortir d'un état
d'extrême pauvreté et de dégradation sociale.

Voilà les véritables causes du lymphatisme
acquis par les habitants de Menton. Qu'on ne
croie pas que dans cette énumération, je me sois
laissé influencer par les idées libérales qui ont
toujours été le rêve de ma vie, et par mes sentiments de haine contre le régime despotique.

Comme médecin hygiéniste, en constatant des
affections si peu en harmonie avec les qualités

du sol et le tempérament des habitants, j'avais le droit et le devoir de remonter dans le passé moral et physique du peuple dont la santé était confiée à mes soins.

De cette étude est sortie la condamnation des principes qui jusqu'à la révolution de 1848 ont inspiré les faits et gestes des souverains maîtres de la principauté. (Voyez Abel Rendu, *Histoire de Menton*).

§ 7. Après avoir tracé le portrait physique des habitants de Menton, je dois en esquisser successivement le portrait moral, afin de mieux déterminer les rapports qui existent entre eux. Si les conditions politiques ont eu une influence fâcheuse sur l'organisme des habitants, le moral n'a pas été généralement aussi affecté. Ce petit peuple, aux goûts simples, aux habitudes patriarcales, apprécie énormément la vie de famille. L'observateur qui l'étudie superficiellement peut prendre cette réserve pour de l'indifférence, mais en pénétrant dans l'intimité de la famille l'on est aussi agréablement surpris que charmé de cette simplicité qui n'exclut pas la manifestation des sentiments les plus élevés.

Cette excessive réserve, je ne crains pas de le

répéter, tient aux péripéties et aux vicissitudes politiques qui ont tour à tour changé la domination de la Principauté. Dans le gouvernement des princes les entraves commerciales, politiques, avaient donné à ce peuple un caractère défiant, haineux. Si le corps était soumis à de dures privations, l'esprit se trouvait torturé par une contrainte continuelle. L'homme du Midi a besoin d'expansion : sa vie au grand air, sous un ciel pur, sous un soleil brûlant, ne peut engendrer l'apathie. La force brutale peut le rendre momentanément calme, mais dès que le joug de fer se détend, son individualité apparaît sous sa forme expansive et bruyante. Voilà ce qui est arrivé à Menton depuis la pacifique révolution de 1848. Les esprits comprimés ont subitement pris un grand essor ; la partie éclairée de la population qui avait dirigé le mouvement, en le préparant de longue date, s'est trouvée plus à l'aise et s'est mise résolûment à l'œuvre de la régénération. La partie ouvrière, qui convoitait une existence matérielle meilleure, a passé sans transition de l'humilité à l'emportement, de l'état d'oppression aux aspirations les plus larges. Dans l'appréciation des événements qui se sont accom-

plis, de même qu'un cours d'eau passant continuellement sur une région rocheuse y trace des
sillons, plus ou moins profonds, et forme des
courbes plus ou moins brusques, de même les
différentes phases politiques auxquelles le pays
a été soumis depuis la révolution ont laissé dans
le caractère de l'habitant des empreintes ineffa-
çables, reflets des sentiments du cœur.

La classe aisée s'occupe presque exclusivement
de la surveillance des campagnes et de ses affaires privées. Bien qu'elle ne manque pas d'instruction, elle devrait pourtant s'adonner avec plus
d'empressement aux études de l'agriculture qui
a besoin d'être améliorée, et à la culture des
sciences ; elle pourrait très-utilement se placer
à la tête d'associations industrielles pour favoriser le mouvement commercial du pays.

Si la classe ouvrière qui se consacre exclusivement aux travaux de la campagne et aux différentes professions manuelles, savait apprécier
à sa juste valeur l'instruction que la ville a le
soin de lui procurer, elle gagnerait sous le rapport de l'éducation sociale, et se dépouillerait
ainsi de ces défauts qui la rendent parfois trop
exigeante aux yeux de l'observateur.

L'habitant de Menton quitte rarement son pays, auquel il est essentiellement attaché, au point de paraître indolent, mais une fois que soustrait à l'influence locale il est jeté au milieu des affaires, dans les rangs de l'armée de terre ou de mer, il se rend parfaitement compte de sa valeur personnelle, sait se rendre utile au commerce, et voit se révéler dans son caractère un courage qui le rendra noble et fier sur les champs de bataille.

§ 8. Les femmes de Menton mènent une existence toute de famille ; dans la classe aisée l'instruction est très-répandue ; jadis elle y était donnée dans une institution libre dirigée par Mademoiselle Constance Lenoir, qui, on peut le dire à son honneur, a eu le mérite de former l'esprit et le cœur de toutes les jeunes femmes de Menton, et des institutrices qui se sont vouées à l'enseignement. Depuis ces dernières années la facilité des communications permet aux familles d'envoyer les enfants dans les pensionnats les plus renommés de Paris et des principales villes de France.

Ici les femmes ont une existence calme, toute consacrée à leur intérieur, et si elles profitent des plaisirs et des distractions auxquelles les appellent les circonstances et les exigences de leur position sociale, elles n'oublient jamais que le vrai rôle de la femme consiste à bannir la frivolité et la légèreté, en sachant concilier les devoirs de la société avec ceux de la famille ; c'est en effet dans ce sanctuaire, et sous l'égide d'une religion éclairée et de l'affection que l'on dirige les premiers pas des enfants pour en former des hommes utiles à la société. Ces nobles sentiments sont aussi bien préconisés dans les familles qui forment l'élite de la population, que dans les classes inférieures vivant de leur travail journalier. Peu de populations, je l'avoue avec satisfaction, présentent les idées de moralité aussi largement répandues ; seulement dans les classes ouvrières le défaut d'éducation, l'état d'inaction morale et sociale dans lequel la population a été laissée pendant de longues années, ont nécessairement amené un relâchement, et une nonchalance qui ne pourra entièrement disparaître que par une éducation bien dirigée et par la transfusion (qu'on me permette cette expression) dans le cœur, de tous ces nobles sentiments de patrie et de nationalité qui font vibrer l'âme la plus froide, et permettent d'espérer le retour des générations fortes et indépendantes.

§ 9. Les réflexions qui précèdent, me permettent de conclure que si par la position géographique et par les analogies de caractère avec la race ligurienne, les habitants de Menton doivent être considérés comme faisant partie intégrante de cette famille, ils en ont en général les formes extérieures, l'activité, la sobriété, la mobilité morale, l'excitabilité nerveuse, propres des peuples du Midi; ils en diffèrent pourtant par le tempérament. Malgré les conditions favorables du sol, la race a éprouvé une détérioration occasionnée par un long appauvrissement physique et moral; c'est à cette cause que remonte l'origine des phénomènes de lymphatisme qui se sont greffés sur sa constitution, en la prédisposant à une foule de maladies qui relèvent de l'alanguissement des fonctions.

Dans l'étude que je consacrerai aux maladies qui ont régné dans la période des derniers vingt-cinq ans, nous aurons la confirmation des rapports qui existent entre le tempérament et les causes locales.

CHAPITRE II

DES MALADIES ENDÉMIQUES ET DE LA MARCHE
DES ÉPIDÉMIES A MENTON.

§ 1. On appelle maladies endémiques celles qui se développent régulièrement dans le pays où elles sont engendrées par des causes particu-lières inhérentes au sol.

Par sa position au bord de la mer, Menton est exposée aux vents d'est et de sud-ouest ; la manière dont elle est bâtie en amphithéâtre en face du midi avec ses rangées de maisons superposées les unes aux autres, mais séparées par des rues qui se développent presque toujours du midi au nord, ne peut susciter aucune maladie endémique. Tel était aussi l'avis que mon regretté confrère le Dr Bottini appuyait sur une longue pratique de trente ans.

Les épidémies en général sont très-rares à Menton ; celles des maladies éruptives et contagieuses proviennent de l'importation des pays voisins, au contact, à l'air qui se transforme en véhicule de propagation contagieuse. Ces maladies ne sont pas fréquentes, mais elles parcourent une période pour ainsi dire cyclique que l'on peut fixer entre sept et dix ans. Leur influence pernicieuse se maintient dans des limites restreintes, mais une fois qu'elles ont fait leur apparition, elles s'étendent régulièrement avec une marche ascendante pour décroître et disparaître au bout de quelques mois. A l'appui de cette appréciation, j'indiquerai la marche des principales épidémies éruptives que j'ai eu lieu d'étudier.

§ 2. *Petite vérole.* — Cette maladie a fait son apparition vers la fin du mois de novembre 1849, et a complétement cessé à la fin de février 1850. Personnellement, je n'ai vu que les derniers cas de cette épidémie, mais d'après les informations recueillies auprès du Dr Bottini, malgré son assez forte extension la forme s'est maintenue bénigne, et le plus souvent d'apparence varioloïde, sans complications hémorrhagiques ; elle a présenté quelques phénomènes congestifs des enveloppes cérébrales et des organes respiratoires. Je n'ai pas de renseignements sur le chiffre de mortalité de cette épidémie.

La seconde invasion est de 1857 : très-limitée sous le rapport du nombre des personnes atteintes, elle a présenté néanmoins des complications cérébrales assez graves, et dans cinq ou six cas la forme hémorrhagique, assez grave pour enlever les malades à l'exception d'un seul.

En 1864, nous retrouvons encore la petite vérole sous la forme épidémique. Comme la précédente, sa durée ne se prolongea pas au delà de quatre mois ; de nature bénigne elle offrit des complications moins fréquentes.

La dernière épidémie s'est déclarée au commencement de novembre 1870. Depuis l'été la petite vérole sévissait à Gênes avec une intensité effrayante, le plus souvent sous la forme hémorrhagique, emportant les malades en très-peu de jours. Un honorable négociant de Menton se rend à Gênes pour voir son frère atteint de cette terrible maladie ; il n'a presque pas de contact avec le malade ; en rentrant chez lui, il est atteint à son tour au bout de quelques jours, et il meurt quarante-huit heures après l'éruption. Cette épidémie n'a pas été très-grave, elle a serpenté dans tous les quartiers de la ville ; le nombre des cas s'est trouvé fort limité, et les compli-

cations nulles, à l'exception d'un cas à forme hémorrhagique et promptement mortel. La marche
de l'épidémie a été généralement un peu plus longue que les autres, et, malgré les précautions prises
pour détruire les foyers de la maladie et assainir
les maisons des malades, on n'a pas pu empêcher
qu'elle ne se prolongeât jusqu'à la fin du mois
de mai 1871.

Si les épidémies de petite vérole n'ont jamais
été très-meurtrières à Menton, cela doit s'attribuer aux conditions de salubrité du pays, et à la
pratique de faire des vaccinations régulières
tous les printemps ; ces mesures préservatrices
pourraient cependant rendre des services plus
certains, si les masses en général étaient con-
vaincues de l'utilité de l'inoculation, et si elles
se prêtaient de meilleure grâce à la transmission
du virus vaccin. Combien de fois après avoir
vacciné dans une seule séance cinquante ou
soixante enfants, ne me suis-je pas trouvé huit
jours après sans un enfant bien portant pour reprendre du vaccin, car je laissais naturellement
de côté ceux qui ne présentaient pas des garan-
ties suffisantes de santé.

Si un texte de loi posant en principe la responsabilité des parents rendait obligatoires les pratiques de vaccination et de revaccination, on limiterait assurément (quoi qu'en disent leurs adversaires) la propagation des épidémies de varioles.

On ne verrait pas alors des familles entières, ravagées par le fléau, par l'insouciance de leurs chefs et par leur aversion pour une pratique qui a pourtant sauvé tant de victimes.

Je pourrais malheureusement citer à l'appui de mes paroles, plusieurs exemples frappants de personnes qui ont eu le chagrin de perdre leurs enfants, ou de les voir défigurés pour ne pas avoir voulu se soumettre préalablement à la vaccination.

§ 3. La *Rougeole* s'est manifestée à peu près dans les mêmes conditions, en suivant la même marche.

Nous comptons trois épidémies dans cette période de vingt-cinq ans. La première en 1857, la seconde en 1867, et la troisième en 1874. Pendant que la première a débuté vers la fin de l'hiver, les deux autres se sont montrées au printemps depuis le mois de mars jusqu'au mois de mai. La douceur du climat de Menton et l'époque favorable de la saison ont toujours eu une heureuse influence sur la marche de la maladie. L'*Exanthème* parcourait son évolution régulière dans l'espace de huit jours ; toutefois, lorsqu'il était négligé, surtout chez les gens du peuple qui considèrent la maladie comme terminée lorsque la peau n'est plus rouge, il survenait des complications (bronchites et gastro-entérites) ; c'est à ces circonstances que se rapporte le décès de trois jeunes enfants.

§ 4. La *Coqueluche* doit faire suite à la rougeole dans l'énumération des maladies épidémiques. J'ignore si le fait que je vais indiquer a été observé par d'autres médecins, mais à Menton depuis vingt-cinq ans la rougeole et la coqueluche marchent toujours de concert, et se présentent l'une et l'autre à de très-courts intervalles. Leur marche est tellement régulière, que je n'hésite pas à poser en principe que la coqueluche précède ou suit de quelques mois l'apparition de la rougeole.

J'ai rappelé que la première épidémie de rougeole avait commencé vers la fin de 1857 ; la coqueluche la précéda de huit à dix mois, sévissant depuis le commencement de janvier jusqu'au mois de mai. Cette épidémie a été très-meurtrière, par suite des complications inflammatoires de la poitrine ; beaucoup d'enfants succombèrent à la bronchite capillaire et à l'emphysème pulmonaire. J'ai ressenti le contre-coup de cette époque douloureuse qui a marqué un deuil dans ma famille.

La seconde épidémie de rougeole de 1867, a été précédée par la coqueluche qui s'est déclarée en septembre 1866 pour se prolonger pendant plus de six mois.

La troisième épidémie de rougeole qui s'est manifestée l'année dernière au mois de février, a été suivie en mai par la coqueluche.

Donc sur trois épidémies de rougeole, deux ont été précédées et une a été suivie par la coqueluche.

§ 5. La *Scarlatine* est moins fréquente dans le midi de la France que les autres maladies éruptives ; je ne l'ai vue qu'une seule fois (1868) à l'état épidémique, et encore le nombre des malades atteints n'a jamais égalé l'intensité des épidémies de rougeole ; à l'exception de quelques cas d'ascite à terminaison heureuse, l'affection a toujours suivi un cours régulier sans complications sérieuses.

Les *oreillons* ont pris quelquefois la forme épidémique ; je les ai observés deux fois dans cette période de vingt-cinq ans.

La maladie se propage avec une certaine rapidité, mais elle est tellement bénigne que quelques soins suffisent pour la faire disparaître ; je n'ai jamais observé d'abcès parotidiens consécutifs ; chez les garçons j'ai été à même de constater souvent la disparition brusque de l'engorgement des parotides coïncidant avec l'apparition instantanée d'orchites symptomatiques très-douloureuses ; la révolution s'opérait au bout de trois ou quatre jours ; parfois un seul testicule était atteint, parfois les deux ensemble, ou l'un après l'autre.

§ 6. A part les épidémies des maladies éruptives qui sont propres à tous les pays, Menton n'a présenté pendant cette longue période qui fait l'objet de cette étude minutieuse, que deux épidémies de *fièvre typhoïde*.

Cette maladie qui sévit à l'état endémique dans toute l'Europe, sous la dépendance de circonstances inappréciables, ou de grandes perturbations atmosphériques, se présente dans les contrées méridionales vers le milieu de l'automne, après des étés chauds et d'une très-grande

sécheresse; quand elle prend une forme épidémique, elle a une durée de cinq ou six mois, en
imprimant toujours son influence et ses caractères indélébiles sur les maladies ordinaires.

Il me paraît intéressant de signaler ici la
marche de ces deux épidémies.

Vers le milieu du mois d'octobre 1854, après
avoir traversé un été des plus chauds, pendant
lequel il n'était pas tombé une seule goutte de
pluie, la température subit vers la fin de septembre un brusque changement, sous la dépendance
de pluies torrentielles; l'activité des fonctions
de la peau, très-exagérée pendant les mois d'été,
se trouva subitement supprimée, et des désordres
intestinaux commencèrent à se présenter; bientôt ils s'accompagnèrent d'un état fébrile assez
prononcé.

Les premiers cas avaient toutes les apparences
des fièvres synoques rhumatismales, (intensité
de la fièvre, douleur frontale enserrant la tête
dans un cercle de fer, et diarrhée); une légère
surdité accompagnait sans cesse ces premiers
cas qui marchaient régulièrement vers la guérison
au bout de trois semaines. Mais les choses ne devaient pas se maintenir dans une phase aussi satis-

faisante. Vers la fin du mois de novembre, la maladie prit les véritables caractères de la fièvre typhoïde à forme intestinale ou dothiénentérie. Je n'entreprendrai pas la description symptomatique de cette affection, parce qu'elle est parfaitement connue de tous les praticiens ; du reste les lecteurs qui s'intéressent à cette question la trouveront dans la *Gazette médicale italienne* de Turin (1855), ainsi que les dessins des altérations intestinales les plus saillantes.

Cette épidémie s'est prolongée de la moitié du mois d'octobre 1854, au mois d'avril 1855, c'est-à-dire six mois. Le chiffre des personnes atteintes s'est élevé à 373 avec une mortalité de 27, c'est-à-dire de 7 1/2 p. 100. Tous les âges ont fourni leur contingent, mais principalement la jeunesse ; j'ai observé toutefois dans le nombre des malades des personnes âgées de soixante ans et au delà.

Malgré mon excessive fatigue et mes occupations incessantes pour obéir aux exigences d'une nombreuse clientèle, je n'ai pas négligé de constater la forme de la maladie, en faisant le plus grand nombre possible d'autopsies. Cette étude avait pour moi un intérêt d'autant plus

considérable que pendant mon internat à l'hôpital de Gênes (1848 et 1849), j'avais déjà re-
cueilli d'intéressantes observations sur la dothiénentérie, en collaborant aux travaux du D^r Mi-
raglia, prématurément enlevé à la science, et
du Dr Ageno actuellement professeur d'anatomie
à l'université de Gênes.

Sur les vingt-sept cas de mort, j'ai pratiqué dix-
huit autopsies : les pièces pathologiques que j'ai
soigneusement conservées et que je possède encore
aujourd'hui, m'ont servi à faire exécuter des
planches gravées représentant les altérations les
plus rares, depuis la forme miliaire ou initiale,
jusqu'à l'ulcération ; celle-ci est tantôt régulière,
tantôt isolée, tantôt enfin agglomérée, dans un
espace qui dépasse parfois 25 centimètres de
longueur.

J'ai constaté trois fois la mort par perforation
intestinale ; elle survenait toujours d'une manière
soudaine au moment de la période décroissante
de la maladie. Chez une femme de soixante ans
elle a été occasionnée par des désordres diéthéti-
ques, alors que la maladie avait déjà dépassé le
quatrième septennaire ; j'ai trouvé à l'autopsie
un grand nombre d'ulcérations cicatrisées ; une

seule avait amené la perforation par suite de l'accumulation des matières, et la mort s'en était nécessairement suivie.

La maladie s'est disséminée dans tous les quartiers de la ville sans exception ; toutefois les vieux quartiers, où les maisons sont plus entassées, et moins proprement tenues, ont présenté le plus grand nombre de cas. Dans plusieurs familles trois ou quatre membres en ont été atteints. La maladie s'est propagée par infection, d'une maison à l'autre : ce mode de propagation doit être attribué à l'usage de conserver les déjections dans des barriques en bois, qui sont ensuite transportées à la campagne, pour y être utilisées comme engrais. Je n'ai jamais pu constater de contagion par contact direct. La maladie s'est complétement éteinte au mois d'avril, et pendant tout l'été il ne s'est présenté aucun cas nouveau.

Vers les derniers jours de septembre de la même année (1855), après un été très-chaud, suivi de pluies d'automne abondantes, on a vu le fléau reparaître et constituer ainsi une deuxième épidémie. Elle a duré, comme la précédente, du mois d'octobre à la fin de mars ; elle a présenté la même marche, les mêmes symptômes, la même forme de dothiénentérie et les mêmes altérations intestinales. Le chiffre des personnes atteintes pendant cette seconde épidémie s'est élevé à 327 et les décès à 17, soit de 5 p. 100.

Dans les dix autopsies que j'ai pratiquées, j'ai reconnu les mêmes altérations pathologiques ; j'en conserve encore aujourd'hui les pièces anatomiques : dans cette seconde épidémie je n'ai constaté aucun cas de mort par suite de perforation intestinale.

Je regrette de ne pas m'être livré à des observations thermométriques pendant le cours de ces deux épidémies, mais ce genre d'étude, qui était alors à ses débuts, m'était tout à fait inconnu. Postérieurement, lorsque les cas sporadiques de fièvre typhoïde se sont présentés dans ma pratique, je n'ai jamais négligé d'avoir recours aux observations thermométriques, parce que je les considère comme un moyen de diagnostic des plus précieux, et comme un guide certain pour signaler les écarts subits que peut éprouver l'organisme.

Pour terminer le chapitre relatif à la fièvre

typhoïde, je signalerai non pas comme une épidémie, mais comme une affection dépendant des influences du sol, une modalité de maladie que j'ai pu observer dans l'un des quartiers de Menton, dans le courant de l'automne dernier (1873).

L'avenue de la Gare longe les bords du torrent de Carreï toujours à sec pendant l'été. A la suite des nombreuses réclamations du Conseil municipal, l'Administration des ponts et chaussées se décida à bâtir le mur de soutènement de l'avenue, et commença ses travaux à la fin de l'été. Dans ce torrent de Carreï, viennent se jeter par des conduits spéciaux les eaux ménagères des villas et des nombreux hôtels qui bordent les deux rues du torrent. La Municipalité n'a pas cru devoir empêcher cet état de choses. Les travaux d'excavation pratiqués dans le lit du torrent pour établir les fondations du mur, ont mis à nu sur toute la longueur de l'avenue depuis la gare jusqu'au pont de Carreï des couches de terrains saturés de principes malsains. Les émanations délétères qui par ce fait se sont répandues dans l'air, ont donné lieu à de nombreux cas de fièvre typhoïde qui auraient pu engendrer une nouvelle épidémie s'étendant à la ville entière. Dans l'espace de quinze jours dix-huit cas de fièvre typhoïde se sont manifestés sur le parcours de l'avenue, et neuf dans une maison plus exposée par sa position aux émanations de l'égout d'un hôtel voisin.

Cette considération et la coïncidence de l'apparition de la maladie avec l'installation des travaux sur des terrains dont j'avais déjà signalé les mauvaises conditions, me firent prendre des mesures énergiques pour circonscrire les influences mortelles du mal. Grâce à l'isolement, à la désinfection des fosses des lieux d'aisances, au transport des malades les plus gravement atteints et des indigents à l'hôpital, j'ai pu me rendre maître de la maladie, et n'avoir à enregistrer qu'un décès sur dix-huit cas.

Je conserve avec soin dans les registres de l'hôpital, les courbes thermométriques que j'ai prises sur quatre de nos malades le plus gravement atteints.

CHAPITRE III

DE LA MARCHE DES MALADIES SPORADIQUES.

Pour compléter la tâche que je me suis imposée, après avoir tracé la marche de l'évolution des endémies et des épidémies, je dois passer à l'examen des maladies sporadiques, de leur marche et de leur fréquence, en rapport bien entendu avec le tempérament des habitants et des différentes saisons de l'année. Des maladies de cette nature ne pouvant pas se prêter à une classification scolastique, j'ai choisi l'influence des saisons afin d'obtenir un ordre ou classement plus régulier. J'ai fait coïncider à cet effet les quatre saisons avec les quatre trimestres de l'année. L'hiver correspond au premier, le printemps au second, l'été au troisième, et l'automne au quatrième.

Il n'y a naturellement aucun inconvénient à reculer une saison de quelques jours, dans le classement des maladies, puisque d'une part il est rare que les changements atmosphériques, propres à chacune d'elles, puissent coïncider exactement avec la division du calendrier, et que d'autre part si elles se présentent à époque fixe, leur action sur l'organisme ne soit pas instantanée ; ordinairement même elle ne se fait sentir que quelque temps après son apparition. Dans le Midi surtout, nous voyons bien souvent les chaleurs de l'été se prolonger avec la même intensité pendant tout le mois de septembre ; et l'automne aussi calme que le printemps, passer brusquement aux froids de l'hiver. Il n'est pas rare de voir ce dernier suivi par les chaleurs bien autrement fortes que celles du printemps. Il résulte de là que médicalement parlant, à Menton, comme dans tout le Midi, la véritable influence des saisons sur les maladies régnantes se concentre dans les périodes d'hiver et d'été ; celles du printemps et de l'automne, toujours peu accentuées, se confondent sans cesse avec les premières.

Pour donner un aperçu des maladies que l'on observe dans le pays, j'ai dû m'appuyer sur les résultats de ma pratique, qui embrasse toutes les branches de la Science médicale, et adopter la division classique des maladies médicales, et des affections chirurgicales. Cette division aura donc son importance non-seulement pour la régularité du travail, mais aussi pour la démonstration, plus péremptoire, des influences atmosphériques, des prédispositions du tempérament, et des professions diverses qui comprennent toutes les occupations des habitants.

CHAPITRE IV

MALADIES MÉDICALES.

§ 1. Pour exposer, avec un certain ordre, les maladies médicales les plus importantes à Menton, j'ai adopté la classification des systèmes ; j'indique de la sorte, en premier lieu, celles qui affectent le système nerveux ou l'axe cérébro-spinal, puis celles des voies respiratoires et du cœur, finalement celles des organes de la digestion, en y comprenant les affections propres aux deux sexes. Comme les fièvres essentielles ont une individualité propre, une influence incontestable sur les trois grands systèmes de l'économie, et qu'elles se présentent assez souvent dans le Midi comme maladies dominantes à type spécial, j'en ai fait un ordre à part dont la description précédera celles des autres maladies.

§ 2. Dans l'énumération des fièvres essentielles, je commencerai par la fièvre *synoque* en la considérant avec **Borsieri** et **Franck** comme l'expression de la fièvre inflammatoire. Son apparition coïncidant toujours avec de brusques transitions atmosphériques, elle est plus fréquente en automne, assez commune au printemps et au commencement de l'été, et très-rare en hiver. Cette fièvre attaque indifféremment les deux sexes, et de préférence les jeunes personnes, celles surtout qui, se livrant aux travaux de la campagne, mènent une vie exposée aux influences atmosphériques. A son début et dès le premier jour, la température s'élève à 39 et 40 degrés ; le pouls est dur, la tête lourde ; d'une durée moyenne de huit à dix jours, elle cède promptement aux purgations répétées ; dans ces circonstances, je donne toujours la préférence aux purgatifs salins et à l'huile de ricin. Pendant le cours de cette fièvre on a rarement recours aux émissions sanguines ; et si l'opportunité se présente par hasard, ce n'est jamais que chez les individus pléthoriques à activité circulatoire exagérée, et pouvant favoriser l'état congestif du cerveau ou des poumons ; la saignée, l'application de sangsues aux pieds, les dérivatifs trouvent alors une indication logique. La guérison est la règle générale, et si elle devient grave, c'est qu'elle marque le début de la fièvre typhoïde. D'après mes statistiques de l'hôpital la fièvre synoque s'est montrée cinquante-deux fois en vingt-cinq ans.

§ 3. De la *Fièvre typhoïde*. — Cette fièvre doit être inscrite, selon moi, après la précédente parce que si elle n'est souvent, d'après Borsieri, qu'une transformation de la fièvre synoque, elle peut être aussi considérée comme ayant une forme propre et spéciale. A part les deux épidémies de 1854 et de 1855, et des cas de 1874 qui se sont produits dans un seul quartier, ainsi que je l'ai dit dans un précédent chapitre, la fièvre typhoïde n'est pas plus fréquente à Menton que dans tous les autres pays. Comme elle existe en Europe, à l'état endémique, il est difficile d'en assigner les causes efficientes ; chez nous cependant, elle est favorisée par les brusques transitions de l'automne, lorsque le froid humide succède aux fortes chaleurs de l'été, et surtout lorsque les fièvres intermittentes ont régné pendant cette saison.

Elle sévit sur les sujets les plus robustes, et de préférence sur les gens de la campagne qui se garantissent moins bien des fraîcheurs de la nuit. Elle débute par le malaise, la courbature

et l'anorexie; on se croirait parfois en présence
d'une fièvre intermittente, si le thermomètre n'é-
tait pas là, pour indiquer les oscillations vesper-
tines et les rémittences du matin. Le traitement
qui m'a paru le plus efficace dans cette affection,
qui prend ici d'une manière presque exclusive
la forme abdominale ou de dothiénentérie, c'est
la médication des symptômes et l'expectation. A
l'exception des cas très-rares où le délire est
l'expression d'un état congestif du cerveau, ou
dans ceux des congestions pulmonaires je n'ai jamais recours aux émissions sanguines, et si elles
me paraissent indispensables, je préfère l'application des sangsues, parce que l'on peut déterminer plus sûrement les effets par le nombre et le
lieu de l'application. Dans la fièvre typhoïde, j'ai
volontiers recours aux purgatifs légers et laxa-
tifs, principalement à la pulpe de tamarin,
ainsi qu'au calomel dans le premier septennaire;
lorsque les symptômes gastriques sont assez pro-
noncés ; j'emploie les dérivatifs, les ablutions
froides faites sur tout le corps avec une éponge,
puis en dernier lieu le régime fortifiant, et les
toniques. Cette pratique m'a toujours donné les
meilleurs résultats ; aussi la mortalité réduite à

la proportion des maladies ordinaires dépassait rarement le chiffre de 8 p. 100. Les statistiques que j'ai dressées prouvent combien dans les différentes saisons les fièvres typhoïdes sont peu fréquentes, car, comme je l'ai déjà dit, celles qui ont été traitées à l'hôpital pendant ces vingt-cinq ans n'ont pas dépassé le chiffre de dix-huit.

§ 4. Des *Fièvres muqueuses*. — A côté des fièvres typhoïdes viennent se placer les fièvres muqueuses, soit par l'uniformité de leur marche, soit par les symptômes qui ont beaucoup d'analogie avec la forme qui précède. Au point de vue étiologique les deux affections n'ont rien de commun ; en outre, les altérations pathologiques qui sont propres à la fièvre typhoïde dothiénentérique ne sont pas les mêmes que celles de la fièvre muqueuse; si les premières sont dues à une altération particulière des glandes de Peyer, si elles sont entretenues par un principe spécifique, qui produit, selon Bretonneau (opinion que je partage complétement), sur la muqueuse intestinale les mêmes désordres que la petite vérole sur la peau, les secondes au contraire sont déterminées par une inflammation spécifique de l'épithélium de la muqueuse; dans certains cas, celle-ci se détache en larges lambeaux présentant la forme cylindrique d'une portion d'anse intestinale, comme j'ai pu le constater plusieurs fois.

Sous le rapport de la symptomatologie, ces deux affections ont beaucoup de points de ressemblance surtout dans l'irradiation irritative qui se propage aux centres nerveux. Toutefois les caractères distinctifs résident dans la moindre accentuation des symptômes et des altérations pathologiques. J'ai eu occasion de pratiquer l'autopsie de malades morts des suites de cette maladie, et jamais je n'ai retrouvé les altérations spéciales à la fièvre typhoïde. Dans cette dernière, la muqueuse de la langue est sèche, fendillée en forme de ruban qui en occupe le milieu, et passe lentement à l'élimination. Il est rare aussi que cet état de sécheresse se renouvelle.

Dans la fièvre muqueuse non-seulement la langue, mais toute la bouche est recouverte d'un enduit blanchâtre qui a beaucoup d'analogie avec le muguet des enfants; s'il s'élimine assez promptement, il reparaît au bout de vingt-quatre heures, et cette même reproduction s'opère souvent trois ou quatre fois pendant le cours de la maladie.

Dans nos pays du Midi cette fièvre a généralement un cours de trois semaines comme les fièvres typhoïdes bénignes auxquelles certainement on peut la comparer : la surdité qui survient dans ces fièvres n'est pas le résultat de l'ébranlement du système nerveux, mais bien celui de la propagation de l'inflammation à la muqueuse de la trompe d'Eustache. Lorsqu'il survient comme complication des symptômes nerveux, ceux-ci n'ont jamais la même intensité, et le délire ne prend pas les mêmes proportions.

L'affaiblissement consécutif est moins marqué, et un fait digne d'intérêt, c'est que les fièvres typhoïdes amènent toujours à leur suite la chute des cheveux, ce qui ne s'observe pas après la guérison des fièvres muqueuses.

Le traitement exige autant de précautions que dans la fièvre typhoïde ; mais, en raison des causes déterminantes, si les purgatifs sont utiles dans le premier septennaire des fièvres typhoïdes, les purgations répétées aggraveraient les fièvres muqueuses : il faut donc en limiter l'usage d'après l'intensité de la maladie et d'après ses phases, en s'attachant surtout à favoriser l'élimination de l'épithélium malade avec les préparations

les plus simples, et notamment avec les alcalins ;
l'eau de magnésie m'a constamment rendu de
grands services, et je dois avouer que bien souvent c'est à elle seule que j'ai dû un grand nombre de guérisons. Ces fièvres sont plus fréquentes
à Menton en été et en automne, que pendant
l'hiver et le printemps. Les statistiques de l'hôpital donnent effectivement le chiffre de 25 cas
pour l'été et l'automne, et seulement de 11 cas
pour l'hiver et le printemps.

§ 5. Les *Fièvres rhumatismales*, fièvres très-fréquentes à Menton, tiennent le milieu entre les
fièvres inflammatoires et le rhumastisme, avec
cette différence que jamais les articulations ne
sont engagées ; elles proviennent de refroidisse-
ments subits et débutent franchement ; le pouls
est dur, la chaleur très-intense s'élève parfois
dès le début à près de 40° ; elles s'accompagnent
d'une courbature générale, et les douleurs sem-
blent avoir leur siége plus dans les gaines aponé-
vrotiques que dans les muscles eux-mêmes. Il est
rare que la durée de ces fièvres se prolonge au
delà d'un septennaire ; les sudorifiques, les émé-
tocathartiques sont les moyens que l'on emploie
avec le plus grand succès ; si la maladie dure plus

longtemps, elle se transforme alors en véritable
rhumatisme. Il m'est difficile d'indiquer la saison
qui favorise le plus le développement de ces fièvres, l'automne toutefois semble y prédisposer
davantage à cause des variations atmosphériques. Dans les soixante-neuf cas qui figurent
dans les statistiques de l'hôpital vingt-six se
rapportent à l'automne.

§ 6. Des *Fièvres intermittentes*. — Dans son
ouvrage sur Menton, le Dr Bottini, en parlant
des maladies dominantes, affirme que les fièvres
périodiques sont rares, quoique Fodéré les y ait
déclarées très-fréquentes. Si mon savant et regretté confrère a voulu, sous la dénomination
de périodiques, parler des fièvres qui sont entretenues par un principe miasmatique, comme
celles des maremmes de la Toscane, des Roma-
gnes, de la Corse, de la Sardaigne, etc., il a
parfaitement raison, et je ne puis que me ranger à son avis; mais si par la dénomination de
périodiques, nous entendons toutes les fièvres qui
dans leur marche présentent une périodicité mar-
quée dont on triomphe aisément par le sulfate
de quinine et les substances amères, je dois
avouer franchement que dans ce cas je partage

l'opinion de Fodéré. Le résultat de ma pratique et les statistiques de l'hôpital présentent, en effet, ces fièvres comme assez fréquentes. En jetant un coup d'œil sur ces tableaux statistiques, l'on constate que toutes les saisons apportent leur contingent de fièvres périodiques. L'hiver donne un chiffre de 46 en vingt-cinq ans; le printemps celui de 80; l'été celui de 143, et l'automne celui de 76. Loin de moi la pensée de prendre ces chiffres dans leur état de nudité mathématique; il faut, au contraire, les diviser par les vingt-cinq ans d'observations et tenir compte des différentes causes météorologiques qui les ont provoquées, et qui ne sont pas toutes égales dans chaque saison. Les fièvres intermittentes du Midi, à part la périodicité de l'accès, tiennent beaucoup de la nature des fièvres rhumatismales dont je viens de parler. Elles peuvent se déclarer tout à coup lorsque l'on s'expose à la fraîcheur de la nuit, le corps étant encore échauffé par les chaleurs du jour; c'est à cette cause, en effet, que j'attribue le plus grand nombre des fièvres périodiques de l'été et de l'automne; une seconde observation vient à l'appui de ma théorie sur la nature de ces fièvres, qui dépend des malades

eux-mêmes. Depuis longtemps j'ai toujours constaté que ces fièvres périodiques atteignaient spécialement la classe agricole qui, après avoir
passé la journée exposée aux rayons solaires et
à la chaleur, croit se dédommager la nuit en cou-
chant dans des maisons mal bâties, et souvent à
la belle étoile, sur un peu de paille et sans aucune couverture. En raison de la forte chaleur
du jour, les nuits sont fraîches et humides à
cause de la rosée qui tombe abondamment;
quelques nuits passées dans d'aussi mauvaises
conditions suffisent pour donner à toute une
famille la fièvre intermittente; toutefois celle-ci
cède promptement à l'administration des fébri-
fuges, lorsque ces fièvres sont sous la dépendance d'un embarras gastrique : quelle est, en
effet, la famille de cultivateurs de Menton qui n'ait
vu ses enfants atteints de fièvre périodique, par le
seul fait de l'abus des fruits qui ne sont pas arri-
vés à parfaite maturité? Dans la classe aisée qui
mène une vie régulière, qui séjourne la nuit
dans des maisons bien abritées, j'ai très-rarement
rencontré la fièvre intermittente. Dans les quelques cas exceptionnels, les personnes avaient
habité des appartements fraîchement bâtis, ou

s'étaient exposées trop longtemps à la fraîcheur
des nuits, imitant ainsi l'imprévoyance des gens
de la campagne.

§ 7. Après avoir admis, comme c'est le devoir
d'un médecin consciencieux, l'existence des fièvres périodiques, je tiens essentiellement à prévenir la cause qui les occasionne, afin que la
critique ne puisse pas voir dans ces affections des
conditions morbides inhérentes au sol ou dépendant d'un climat insalubre. Les observations que
j'ai faites à Menton m'ont prouvé, comme je l'ai
rappelé plus haut, que la cause de ces fièvres dépend plutôt de l'exposition du corps aux brusques transitions de température et des variations
nyctoémérales, que d'un principe miasmatique.
A l'appui de cette opinion, je tiens à relater le
fait suivant : ayant été chargé du service médical
de Sainte-Agnès, petit pays qui se trouve au nord
de Menton, sur une montagne à plus de 600
mètres d'altitude au-dessus du niveau de la
mer, j'ai eu à combattre pendant l'été de
l'année 1862, une véritable épidémie de fièvre
intermittente.

Le pays a son plus grand développement au
sud-ouest ; les rues, quoique étroites, sont bien

aérées ; et les maisons, généralement assez propres, sont assez commodes.

Pendant la saison chaude les habitants passent leurs journées à la campagne et ne rentrent que le soir ; mais à l'époque de la moisson ils passent toute la semaine dans les champs, qui sont à trois heures de distance du village.

L'été de 1862 a été l'un des plus chauds, et les travaux de la moisson sont devenus plus pénibles qu'à l'ordinaire par le fait de cette chaleur et du manque de ce bon vin léger du pays qui formait un précieux auxiliaire à l'alimentation par trop frugale des habitants. Exténués par les fatigues de la moisson, par les chaleurs, se nourrissant de pain de seigle, de pommes de terre, de légu-mes, le tout arrosé d'eau très-fraîche, ceux-ci s'exposaient ensuite pendant la nuit à l'air froid de la montagne ; aussi ne tardèrent-ils pas à contracter des fièvres intermittentes qui en peu de jours prirent la forme épidémique ; sur six cents habitants, plus de la moitié en fut atteinte. Vivement impressionné par l'extension qu'avait prise la maladie, j'en ai étudié les causes, et en voyant qu'elle sévissait de préférence sur les individus qui rentraient des travaux de la moisson, je ne tardai pas à me convaincre qu'elle avait été engendrée par les perturbations atmosphériques auxquelles les corps avaient été exposés.

La cessation des travaux, le régime tonique, le sulfate de quinine, firent disparaître la maladie; mais dans le courant de l'automne, comme je l'ai dit plus haut en parlant des fièvres typhoïdes, ces fièvres se manifestèrent en assez grand nombre; sans être meurtrières, elles eurent une assez longue durée. De pareils faits expliquent, d'une façon péremptoire, la nature des fièvres intermittentes qui se présentent à Menton et dans les environs, et personne n'aura désormais la pensée de rattacher leur étiologie à l'existence d'un principe miasmatique. Ces fièvres sont généralement assez bénignes; lorsqu'elles se compliquent de symptômes gastriques, on les combat par les éméto-cathartiques, tartre stibié associé à des purgatifs peu énergiques, comme la crème de tartre soluble. Le plus souvent cette médication suffit à elle seule pour triompher du mal; dans les cas plus rebelles le sulfate de quinine est employé avec succès; si parfois il ne réussit pas aussi promptement, la faute en est moins au médicament qu'à l'insouciance des malades qui ne veulent pas se soustraire assez longtemps aux causes qui ont déterminé la maladie. Dans les fièvres intermittentes à récidives fréquentes provenant des environs et surtout de Vintimille, les préparations arsénicales ont été très-avantageusement administrées.

Si la fièvre intermittente ne reconnaît pas à Menton une cause spécifique miasmatique, l'on ne sera pas étonné de voir que je n'aie jamais observé, ni dans la ville, ni dans les pays environnants qui forment le canton, aucun cas de fièvre pernicieuse. Toutefois, comme les statistiques de l'hôpital en relatent onze cas, je dois à ce sujet quelques mots d'explication.

§ 8. En 1869, la compagnie du chemin de fer Paris-Lyon-Méditerranée faisait les travaux pour réunir les villes de Monaco, de Menton et de Vintimille, au réseau qui s'arrêtait à Nice. Pour établir la gare de Cabbé-Roquebrune, les ingénieurs ont dû creuser des grandes tranchées qui avaient sur plusieurs points une profondeur de plus de 30 mètres. Le terrain sur lequel ces travaux ont été taillés est un poudingue de terrain tertiaire ou d'agrégation, dont un banc assez notable s'étend du bord de la mer jusqu'à Roquebrune. Ces couches séculaires mises à nu pendant les fortes chaleurs de l'été, firent développer des émanations si délétères que tous les ouvriers des différents chantiers contractèrent les fièvres intermittentes. Les ambulances provisoires regorgeant de malades, l'entreprise envoya le surplus à l'hôpital de Menton. Onze ouvriers admis dans un seul jour étaient dans un état assez alarmant pour me faire croire à l'existence de la fièvre typhoïde; fort heureusement un accès de fièvre survenu à l'un de ces malades me mit promptement sur la voie. L'administration à larges doses du sulfate de quinine me permit d'obtenir en huit jours la guérison de tous, à l'exception d'un seul qui, dès son entrée le soir, fut pris d'un second accès auquel il succomba.

Voilà l'explication des onze cas de fièvre pernicieuse que j'ai dû enregistrer dans les statistiques de l'hôpital. Leur étiologie franchement miasmatique devait être nécessairement attribuée aux travaux de terrassement exécutés sur une grande échelle, et se trouvait complétement indépendante de causes morbigènes inhérentes au sol.

§ 9. Des *Fièvres gastriques*. — Pour achever ce chapitre des fièvres, je dois parler de celle qu'on appelle communément *gastrique*. Cette maladie s'observe, en général, pendant les saisons d'été et d'automne ; elle est caractérisée par des désordres de l'estomac (langue saburrale, épaisse, vomissements fréquents, presque toujours de matières bilieuses). Cette fièvre, à marche régulière, évolue dans l'espace de huit jours. La médication consiste presque exclusivement en vomitifs et en purgatifs. J'ai mentionné cette fièvre parce que dans les statistiques de l'hôpital, elle figure trente-trois fois pour les différentes saisons. Si sa fréquence est relativement moins grande que celle des autres fièvres, elle intervient comme complication des fièvres muqueuses et des fièvres typhoïdes à leur début.

CHAPITRE V

§ 1. Les maladies qui appartiennent à ce système ne sont pas plus fréquentes à Menton que dans les autres pays. Celles qui dépendent d'une altération organique du cerveau et de la moelle sont très-rares; celles qui sont engendrées par une cause irritative, et qui déterminent des désordres purement fonctionnels se retrouvent dans la même proportion que partout ailleurs.

Les *convulsions* chez les enfants sont fréquentes, soit à l'époque de la dentition, soit pendant l'été à la suite d'abondantes diarrhées; si elles sont de courte durée, elles ne laissent pas de traces; mais, si elles se répètent souvent, elles deviennent mortelles ou se terminent par des hémiplégies qui persistent après la guérison. On les combat avec succès par les révulsifs, les purgatifs, les sangsues. Dans ces derniers temps l'emploi du chloral m'a réussi dans plusieurs circonstances.

L'*Épilepsie* est très-rare ; je ne connais qu'un nombre de familles très-restreint qui ait présenté des cas de cette maladie ; le climat n'a pas plus d'influence pour la modifier que les médications dites spécifiques. J'ai vu six cas de *chorée* dans l'espace de vingt-cinq ans. Elle s'est toujours manifestée chez des jeunes filles avant la puberté, ou très-peu de temps après ; sa durée a varié de quatre à six mois, avec terminaison heureuse : plusieurs de ces jeunes filles sont aujourd'hui mères de famille, et la guérison ne s'est jamais démentie. Parmi les médicaments les plus préconisés, le valérianate de zinc, administré en pilules à la dose de 15 à 25 centigrammes par jour associé à l'extrait de jusquiame m'a toujours bien réussi ; je dois à ce médicament la guérison des six cas en question, et notamment celle d'un jeune Parisien, fils d'un illustre député. Arrivé, il y a deux ans, à Menton dans un état déplorable par l'excentricité et le désordre des mouvements, il en est reparti à la fin de la saison d'hiver déjà assez bien remis pour être en état d'écrire avec la main droite jusqu'alors impuissante à tracer les moindres caractères ; la guérison a été complète et ne s'est jamais démentie.

J'ai vu aussi six fois l'*éclampsie*, comme complication des accouchements laborieux et difficiles. Chez les principales où dominait l'élément pléthorique, les émissions sanguines ont parfaitement réussi.

Dans ces cas l'éclampsie avait été provoquée par l'arrêt du travail, elle s'est toujours amendée par le fait de l'accouchement forcé. Sur les six cas, je n'ai eu qu'un décès à constater.

Les *névralgies* sont assez fréquentes, principalement les névralgies faciales et les névralgies sus-orbitaires ; elles sont dues le plus souvent à l'insolation et aux changements atmosphériques ; lorsqu'elles ont une forme intermittente, je les combats toujours avec succès par le sulfate de quinine et le valérianate de zinc. Ce même traitement m'a parfaitement réussi dans deux cas de paralysie à *frigore* du nerf facial.

§ 2. Parmi les maladies de l'axe cérébro-spinal dépendantes d'un état congestif, il faut

mentionner les fièvres cérébrales, les congestions et les apoplexies.

Les premières ne sont pas fréquentes ; mes
statistiques prouvent qu'elles ne sont pas in-
fluencées par le climat et les saisons : les chiffres ne varient effectivement dans les différentes
saisons que de 4 à 6. Les congestions et les
apoplexies sont plus fréquentes, soit par l'effet
du climat, soit par l'abus que fait la classe
ouvrière de l'eau-de-vie et des mauvais vins,
depuis que l'oïdium a diminué les récoltes du
pays. Il faut attribuer aux mêmes causes les
nombreux cas de *délirium tremens* qui surviennent chez les buveurs émérites; l'opium à dose
élevée fournit une médication qui ne m'a jamais
fait défaut.

En parlant des apoplexies, je crois devoir
mentionner les altérations pathologiques que
j'ai constatées par l'autopsie d'un sujet qui a
succombé à cette maladie.

N. N., natif de Roquebrune, soldat du premier empire, s'occupait toujours, quoique âgé
de soixante ans, des travaux de la campagne,
mais n'avait pas abandonné les habitudes de
boisson de son ancienne vie militaire. Le 10 sep-

tembre 1855, de bon matin, il se dirigea comme d'ordinaire à sa campagne de prédilection, mais il ne rentra plus à la maison; les parents, après de longues recherches, le trouvèrent mort au pied d'un arbre où il était venu se reposer. A l'autopsie, j'ai constaté les lésions suivantes : épanchement de sang noir et liquide entre la dure-mère et les os; injection des méninges; hémisphère droit résistant et de volume normal; hémisphère gauche flasque et plus petit. Après avoir enlevé la dure-mère, j'ai trouvé l'hémisphère droit dans l'état normal, mais les anfractuosités du gauche avaient disparu, et la substance corticale constituait une mince couche formant la paroi supérieure d'une très-grande excavation. Le *talamus opticus*, le corps strié, le pied d'hippocampe ou corne d'Ammon avaient disparu, et l'énorme foyer qui en résultait était rempli par de gros caillots de sang entourés par d'autres petits caillots plus liquides. Le plexus choroïde qui se glisse entre le talamus opticus et le corps strié, sous la forme d'une mince bandelette vasculaire, avait atteint la grosseur d'une noix; d'un aspect spongieux, il occupait le centre du susdit foyer apoplectique. L'autre partie de la substance cérébrale de cet hémisphère se réduisait facilement en bouillie par la pression du doigt. Le cervelet et la moelle allongée n'avaient subi aucune altération.

La cause de la mort a été l'épanchement de sang provenant de la rupture des vaisseaux qui constituent le plexus choroïdien, mais l'altération cérébrale et la disparition des parties importantes que je viens de signaler préexistait nécessairement à l'hémorrhagie finale.

Cette observation me paraît avoir une grande importance au point de vue physiologique ; l'intégrité des mouvements, malgré les altérations aussi graves de l'hémisphère gauche, vient à l'appui des expériences de Magendie, qui a établi que l'ablation par couches de la substance cérébrale des hémisphères, ou de la substance grise des corps striés n'amène pas la cessation des mouvements musculaires, pourvu que l'autre corps strié soit intact. D'autres considérations physiologiques découlent de cette observation pathologique : pour démontrer que la puissance musculaire ne réside pas seulement dans les corps striés, mais que ceux-ci la partagent avec les pyramides antérieures, et les pédoncules du cerveau. Ces pédoncules, d'après Cruveilhier, reçoivent deux gros faisceaux de fibres blanches striées, qui, après avoir subi un croisement et avoir formé le corps calleux, se perdent dans les hémisphères du cerveau.

En signalant aux physiologistes le fait pathologique tel que je l'ai observé, je leur laisse la tâche de l'expliquer, et d'en déduire des conséquences utiles pour la science. Cette observation accompagnée de réflexions physiologiques a été publiée en détail dans la *Gazzetta medica italiana. Stati Sardi*, 1857.

CHAPITRE VI

Avant d'établir dans quelle proportion se présentent à Menton les maladies des voies respiratoires, je devrais parler succinctement de celles de la cavité de la bouche et du pharynx : mais, comme le cadre en est excessivement restreint, je me bornerai à la *glossite* et aux *angines tonsillaires*.

La première est très-rare ; comme maladie idiopathique, je ne l'ai vue que deux fois ; la résolution s'est accomplie d'une manière régulière ; dans un troisième cas par cause traumatique ; la langue avait été traversée par une balle de pistolet, comme conséquence abcès et sortie d'un morceau de cartouche. L'angine tonsillaire plus fréquente se présente de préférence au printemps : pendant les autres saisons la moyenne varie entre quatre et six. La marche de ces angines est franche ; elles se terminent souvent par suppuration : dans le plus grand nombre de cas la résolution s'opère parfaitement sans laisser de traces d'engorgement chronique ; je n'ai jamais été obligé de faire l'excision partielle des amygdales. Le traitement par les astringents convient au début pour obtenir la résolution ; lorsque le gonflement inflammatoire est assez intense pour gêner la respiration, les soustractions sanguines locales sont employées avec succès.

Pendant vingt-trois ans je n'avais jamais eu l'occasion d'observer l'angine tonsillaire diphthérique ; cette maladie a fait sa première apparition pendant l'hiver de 1872, et du mois de décembre au mois d'avril j'en ai soigné dix-huit cas. Mes autres confrères en ont soigné autant. La cautérisation énergique et répétée par le crayon de nitrate d'argent, dès le début, m'a permis de sauver seize malades ; deux petits enfants ont succombé à la laryngite diphthérique. J'ai attribué ces angines aux variations brusques de température, et au temps humide et froid de la saison. Je crois sa nature contagieuse, puisque j'ai eu quatre malades dans la même famille ; je pense cependant que la contagion a été transportée par l'air, car cette maladie régnait dans la rivière de Gênes. L'hiver de 1873, l'angine diphthérique a reparu de nouveau presque à la même époque, et coïncidant toujours avec des temps humides et froids. J'ai soigné seulement quatorze cas et parmi lesquels deux de mes enfants; chez tous les malades la cautérisation avec le nitrate d'argent a suffi pour obtenir la guérison; cette fois en dehors des enfants, de grandes personnes de quarante ans ont été atteintes par le mal. Indépendamment des causes atmosphériques, le voisinage de la maladie dans la rivière de Gênes peut avoir déterminé cette seconde invasion.

Les *laryngites* et le *croup* sont des maladies excessivement rares à Menton; dans une longue période je n'en ai compté que quelques cas; malheureusement pendant ces dernières années, plusieurs cas de croup ont porté la désolation dans des familles honorables en leur enlevant plusieurs enfants. Le traitement antiphlogistique et les mercuriaux ont fourni de bons résultats; la trachéotomie a été tentée deux fois, la première avec succès, la deuxième sans résultat.

Les *bronchites* sont beaucoup plus fréquentes principalement en hiver et dans le printemps, à cause des variations atmosphériques ; les statistiques de l'hôpital donnent une proportion de cinquante-deux cas pour l'hiver, de trente-cinq pour le printemps, de seize pour l'été et de trente-cinq pour l'automne. Il faut cependant remarquer que, sous la dénomination de bronchites, je comprends les catarrhes et les grippes. Cette dernière forme, assez commune dans le Midi, se communique parfois avec facilité et règne presque épidémiquement. Les bronchites suivent un cours régulier ; la médication, qui est des plus simples, consiste d'ordinaire dans l'emploi des antiphlogistiques et des émétiques ; lorsqu'elles prennent une marche aiguë, il faut recourir aux émissions sanguines, surtout aux sangsues.

Les *pleurodynies* et les *pleurésies* sont moins fréquentes que les bronchites, mais elles ne sont pas rares en hiver et en automne ; au printemps et en été elles rentrent dans la proportion des maladies ordinaires. Dans les cas graves je les combats énergiquement par les antiphlogistiques, les saignées et les sangsues. Il importe en effet de diminuer promptement la fluxion et d'empêcher l'exsudation de la plèvre. Dans les pleurésies, cette terminaison s'accomplit vers

les premiers jours; l'application à plusieurs reprises de larges vésicatoires volants m'a permis
d'obtenir la résorption de grandes collections
de sérosité, sans nécessiter l'emploi de la para-
centèse thoracique.

La *pneumonie* et la *pleuro-pneumonie* constituent les plus fréquentes des maladies de l'appareil respiratoire. Pendant les vingt-cinq ans qui
servent de base aux statistiques de l'hôpital, on
les voit figurer soixante-six fois en hiver, sous la
forme aiguë et chronique, quarante-sept au
printemps, trente-six en été et cinquante-trois
en automne.

La fréquence et la gravité de ces maladies sont
toujours en rapport avec les professions; dans la
classe aisée elles se maintiennent dans la proportion ordinaire des autres maladies, tandis qu'elles
sont très-fréquentes parmi les cultivateurs, les
portefaix, et surtout les maçons (qui sont plus
exposés aux variations atmosphériques).

Généralement les pneumonies ne prennent
jamais un caractère promptement fatal, aussi
elles peuvent être combattues avec succès. La
nature essentiellement inflammatoire de ces maladies a inspiré aux partisans de la doctrine

de Tommasini en Italie, et de la doctrine de Broussais en France, le traitement par les saignées et les sangsues.

Comme depuis deux siècles Menton a toujours eu des médecins sortant des facultés italiennes, elle a dû ressentir le contre-coup des doctrines de Tommasini qui érigeait rigoureusement la saignée en principe indiscutable dans les maladies de nature inflammatoire, et surtout dans les pneumonies. Il n'était pas rare de voir pratiquer dans le cours de ces dernières, dix-huit ou vingt saignées. Je connais des personnes qui dans le cours de leur existence ont supporté cinquante ou soixante saignées sans compter l'application de centaines de sangsues. Cet abus d'émissions sanguines amenait nécessairement chez les habitants déjà prédisposés au lymphatisme, un affaiblissement dont le malade ne se relevait que difficilement, ou qu'au prix d'anémies consécutives très-rebelles. Combien de fois n'ai-je pas vu survenir l'amaurose par anémie à la suite de ce traitement ! Dans la méthode de Tommasini appliquée aux inflammations en général, et généralement aux pneumonies, j'ai toujours trouvé que l'exagération était nuisible. La congestion

sanguine d'un organe n'est que la première phase
de l'inflammation qu'elle a déterminée ; si par
les premières saignées on n'a pas réussi à réta-
blir l'équilibre de l'élément fluxionnaire, on n'ob-
tiendra pas davantage l'effet avec quinze ou vingt
saignées ; l'exsudation plastique qui est la conséquence de toute congestion sanguine suivra son
cours, et cette médication débilitante n'aura
d'autre conséquence que de faire tomber l'organisme dans un état d'affaiblissement, qui le rend
incapable de favoriser l'absorption des exsudations qu'on veut éviter, avec une méthode aussi
dangereuse que répugnante.

Élève de l'École italienne, j'ai toujours vu avec
peine l'exagération de cette pratique. Dès que
j'ai établi ma résidence à Menton, j'ai étudié le
tempérament des habitants appauvris par les
privations physiques et morales, et je n'ai pu
que me raffermir dans la crainte des conséquences auxquelles on s'exposait en suivant une voie
aussi dangereuse. En résistant de toutes mes
forces à ce courant entraînant, je suis arrivé au
point de bien persuader aux masses, que la saignée est, comme tous les autres médicaments,
très-salutaire lorsqu'elle est bien employée,

mais qu'elle devient un ennemi très-dangereux lorsque on en use inconsidérément. En limitant ainsi l'usage de la saignée dans les maladies in- flammatoires, je ne veux pas tomber dans l'excès contraire et la proscrire coûte que coûte ; car ce second système est aussi dangereux que le pre- mier. Je profite de cette circonstance pour mieux élucider la question. Les pneumonies peuvent être considérées sous trois points de vue. Celles qui guérissent d'elles-mêmes par les seules for- ces de la nature et qui sont la justification de la méthode qui exclut les saignées ; celles qui gué- rissent avec l'aide d'une médication bien dirigée, rationnelle, et qui admet l'usage limité de la sai- gnée ; celles enfin qui sont toujours mortelles, quels que soient les efforts de l'art médical.

Le praticien qui n'est pas systématique à tout prix saura dans ces différents cas reconnaître quand il doit se fier aux forces médicatrices de la nature, quand il doit les aider, quand il doit se résigner à l'expectation parce que sa théra- peutique n'a plus de prise contre des désordres organiques instantanés.

Il serait superflu de faire l'énumération des médicaments qu'on emploie dans les pneumonies parce que cette médication est partout la même en France. Si le climat est susceptible d'exercer une influence, elle ne se fait sentir que sur la terminaison de la maladie. L'altitude et l'exposition aux vents du nord impriment aux pneumonies une marche plus aiguë, plus franche et plus grave : ainsi à Castellar, petit pays qui fait partie du canton de Menton, qui est situé sur une colline à 300 mètres au-dessus du niveau de la mer, et qui a des rues parallèles ouvertes dans la direction du midi au nord, les pneumonies sont très-fréquentes, et comme elles envahissent instantanément tout le parenchyme pulmonaire, il faut les traiter avec des saignées répétées dès les premiers jours; mais, lorsque l'engouement du poumon commence à s'opérer, la résolution se fait promptement d'une manière complète, et les malades se relèvent au bout d'un mois d'une maladie grave sans qu'il en reste aucune trace. Lorsque l'engorgement ne cède pas, elles sont promptement mortelles avant la fin du neuvième jour.

Le tempérament des habitants qui est essentiellement sanguin, contribue pour beaucoup aux résultats satisfaisants que donne la méthode antiphlogistique.

A Menton, au contraire, où le tempérament lymphatique domine dans la généralité des habitants, les maladies aiguës de poitrine ne présentent jamais une forme très-accéntuée, et comme elles ont une marche plus lente, la résolution se fait moins vite et d'une manière moins complète ; la thérapeutique doit nécessairement varier selon la forme de la maladie, ses complications et le tempérament du malade. On comprend alors pourquoi il n'est pas rare de voir des pleuro-pneumonies, ou des pneumonies, passer à l'état suppuratif et donner lieu à des accidents qui compromettent la vie du malade en déterminant un travail de consomption. Des collections purulentes se forment alors ; toujours dangereuses, elles arrivent parfois à se vider soit par des vomissements abondants de pus, soit par des abcès intercostaux. J'ai constaté dix fois cette terminaison. Chez trois malades, de grandes collections pleurétiques se sont vidées par la voie de ces abcès intercostaux ; les trois sujets de ces observations sont depuis lors très-bien portants, et pères d'une nombreuse famille ; les sept autres ont eu la chance de se débarrasser d'énormes collections de pus par la voie des bronches en vomissant à plusieurs reprises de pleines cuvettes de matière purulente, et ils jouissent maintenant d'une santé florissante.

Lorsque la résolution ne peut pas s'opérer et que les collections purulentes ne peuvent pas s'éliminer, la consomption enlève le malade sous la dénomination de phthisie. Cette maladie qui est un vrai fléau a été considérée par beaucoup de médecins comme très-fréquente dans les pays du midi de la France; cette opinion, qui semble avoir quelque apparence de vérité pour ce qui concerne Menton où dominent parmi les habitants les maladies scrofuleuses, mérite un examen sérieux de ma part, je démontrerai la statistique en main combien elle est erronée.

Le Dr Bottini dans son ouvrage sur Menton s'exprime ainsi au sujet de la phthisie considérée comme maladie dominante.

« Le Dr Richelmi dit n'avoir jamais vu la « phthisie à Menton ; le Dr Fodéré affirme « qu'elle y est très-commune. Nos recherches « et notre longue pratique dans cette ville nous « donnent autorité pour résoudre la question, et « nous pouvons affirmer avec certitude que si la « phthisie n'est pas une maladie inconnue à Men-

« ton, elle y est du moins très-rare. D'après les
« statistiques que nous avons dressées, sur cin-
« quante-cinq décès parmi les indigènes, un seul
« doit être rapporté à la phthisie, chiffre insigni-
« fiant si l'on songe qu'en Europe, d'après le rap-
« port de Joseph Franck, on trouve à peine un
« médecin qui ne compte au moins dix poitrinai-
« res sur trente malades dans sa pratique parti-
« culière ; que, dans les hôpitaux, les phthisiques
« forment le quart des malades, et que le cin-
« quième des décès doit être attribué à la phthi-
« sie. »

Je trouve l'opinion du docteur Bottini parfaitement conforme aux observations que j'ai recueillies pendant vingt-cinq ans ; aux résultats
des statistiques qu'il a dressées et qui lui ont fait
établir la proportion d'un seul décès de phthisie
sur cinquante-cinq cas parmi les indigènes,
j'ajouterai ceux des statistiques de notre hôpital ;
ils me paraissent bien plus concluants sous le
rapport de la phthisie.

Le chiffre total des malades traités à l'hôpital
pendant ces vingt-cinq ans s'est élevé à trois mille
cent quatre-vingt-neuf. Sur les cadres des maladies la phthisie figure pour quarante-cinq cas ;

donc la proportion entre cette affection et toutes les autres est de 1 sur 70 1/2. D'après l'assertion de Joseph Franck, qui assure que cette maladie forme le quart des malades dans les hôpitaux, nous aurions dû avoir pendant ces vingt-cinq ans sept cent quatre-vingt-seize phthisiques.

Mes observations confirment donc celles du Dr Bottini, et je puis affirmer avec lui à l'honneur de Menton que la phthisie y est très-rare.

La curabilité de cette affection est toujours en rapport avec la cause qui l'a engendrée ; si elle s'obtient plus souvent lorsqu'elle est la conséquence d'une affection aiguë de poitrine, l'on ne peut pas s'attendre à obtenir les mêmes résultats lorsqu'elle est produite par une cause tuberculeuse ; cependant le changement radical de climat dès le début, le séjour longtemps prolongé et patiemment continué pendant de longues années, a réussi à retarder le développement de la phthisie et à enrayer assez le mal pour permettre aux malades de jouir d'une santé relativement bonne. Les exemples de ce genre sont fréquents, et je pourrais en citer un grand nombre recueillis avec soin pendant cette période de vingt-cinq ans.

Pour terminer l'énumération des maladies médicales dans l'ordre que je me suis proposé de suivre, je devrais parler des maladies du *cœur* et de ses annexes ; j'ajoute immédiatement qu'il ne s'est rien présenté de remarquable à ce sujet dans ma pratique, elles peuvent être considérées, ainsi que le dit le Dr Bottini, comme ni communes, ni exceptionnelles. N'oublions pas toutefois que sous le rapport organique les maladies du système circulatoire sont rares, sous le rapport fonctionnel ou de la composition du sang, on observe bien souvent des troubles qui affaiblissent lentement l'organisation.

L'anémie et la chlorose auxquelles sont sujettes les jeunes filles à l'âge de la puberté reconnaissent uniquement pour cause l'appauvrissement globulaire du sang. Toutefois, grâce au climat, aux bains de mer, aux ferrugineux, cette maladie malgré sa fréquence guérit toujours ; à chaque instant on rencontre des jeunes filles qui étaient anémiques et chlorotiques avant l'âge de la puberté et qui deviennent quelques années plus tard des femmes très-fortes et mères de nombreuse famille.

CHAPITRE VII

Je serai concis dans l'énumération des maladies des organes de la digestion, parce que elles ne sont pas plus fréquentes que dans les autres pays. Leur marche ne présente rien de particulier, seulement elles varient par les causes qui les ont produites. En faisant abstraction des affections aiguës gastro-intestinales de la saison d'été qui sont sous l'influence des brusques transitions atmosphériques et qui se présentent sous la forme de diarrhées, de dyssenteries, les autres maladies comme les gastrites et les entérites forment un groupe très-limité, c'est ainsi que dans les statistiques de l'hôpital les gastrites ne dépassent pas le chiffre de soixante-dix cas, et les entérites celui de cinquante-six. Au lieu d'être sous la dépendance des conditions du sol et du climat, ces maladies sont produites par certaines habitudes contractées par les classes ouvrières (qui fournissent le plus grand nombre de ces malades), c'est-à-dire l'abus des boissons alcooliques et du vin ; c'est à cette même cause qu'il faut attribuer les hydropisies et les ascites qui se manifestent chez les buveurs.

Les cas de gastrite spécifique sont excessivement rares ; je n'ai observé que cinq fois le cancer de l'estomac et l'ulcère perforant qui l'accompagne, les pièces pathologiques que j'ai conservées sont très-remarquables. J'ai constaté une fois la rupture de l'estomac.

Une jeune artiste lyrique souffrait depuis quelques jours de l'estomac, mais elle attribuait ses souffrances à une grossesse de trois mois qu'elle n'avait aucun intérêt à tenir cachée, ou à dissimuler. Prise un soir de violentes douleurs d'estomac, elle me fait appeler en toute hâte ; en arrivant je trouve cette pauvre femme en proie aux plus atroces douleurs ; le pouls est à peine perceptible. La coloration du teint est d'une couleur jaune des plus prononcées ; les personnes qui lui donnaient des soins depuis deux heures m'assurent que ce changement de couleur venait de s'opérer depuis une demi-heure ; les vomissements étaient incoërcibles, et, malgré mes soins les plus empressés, la malade succomba au bout de huit heures de souffrances inouïes.

Une mort aussi subite devait faire naître dans mon esprit des soupçons d'empoisonnement, la justice s'empara de l'affaire, et je fus chargé de faire l'autopsie.

La muqueuse de l'estomac conservait sa couleur naturelle et n'offrait aucune trace d'injection phlogistique antérieure ou provenant d'une substance toxique. L'estomac présentait une rupture au niveau de la grande courbure près du pylore : les tuniques de cet organe étaient d'une finesse extrême, une grande quantité de bile était répandue tout autour. L'épiploon, le duodénum et le péritoine présentaient aussi une teinte jaune des plus accentuées. Elle était effectivement enceinte de trois mois.

La rupture de l'estomac si instantanée faisant supposer chez cette femme des maladies antérieures, je me suis efforcé de chercher tous les renseignements possibles pour me rendre compte de cette fin funeste, mais tous mes efforts ont été inutiles à cause de l'existence nomade de ces artistes. Malgré cette obscurité étiologique, cette observation me paraît présenter beaucoup d'intérêt. J'ai rencontré quatre fois le *volvulus*, il était occasionné par l'invagination de deux anses intestinales ; dans un cas très-remarquable, j'en ai obtenu la guérison au moyen du calomel porté à doses élevées, associé à quelques saignées. Cette observation a été publiée en 1857 avec d'autres cas analogues dans la *Gazzetta medica italiana Stati Sardi;* pour les trois autres cas, toutes les ressources de l'art ont été inutiles, et la mort a été due à la contorsion de deux anses intestinales plus encore qu'à l'invagination.

Le *choléra* n'a jamais paru à Menton, seulement lorsqu'il sévissait en 1864 à Marseille, à la Seyne et à Toulon, nous avons eu deux cas d'importation parmi les émigrants de la rivière, qui rentraient chez eux fuyant les localités dévastées par le fléau. Les deux cas ont eu une terminaison mortelle.

Les inflammations du foie et de la rate se présentent quelquefois pendant l'été à la suite des fortes chaleurs ; elles ont une marche régulière ; l'ictère qui survient à ce moment reconnaît une cause gastrique et disparaît sans laisser de traces.

La *cirrhose* du foie est une affection très-rare, je ne l'ai observée que deux fois ; dans un de ces

cas, elle était compliquée d'hydatides très-nom-
breuses de la grosseur d'une noix : elles étaient
réunies dans un sac formé par des replis du péritoine et occupaient presque exclusivement le
bord libre du foie.

J'ai constaté une fois la *rupture* de cet organe ;
il s'agissait d'un homme qui étant assis sur un
chariot avec les jambes pendantes en arrière et
en dehors, fut jeté par terre à la suite d'une violente secousse, il s'affaissa sur lui-même, et avant
qu'on pût lui porter secours il était déjà mort.
A l'autopsie, je trouvai le foie fendu longitudinalement au niveau de la vésicule biliaire depuis
son bord libre jusqu'à son insertion diaphrag-
matique. L'organe était réduit à une substance
pultacée ; il est inutile d'ajouter que cette rupture occasionnée par la chute et l'altération de
l'organe, avait donné lieu à un énorme épanchement de sang dans la cavité abdominale ; c'était là
la cause instantanée de la mort. En recherchant
les causes prédisposantes de l'altération du foie,
j'ai appris que cet homme avait été gendarme au
service de l'Italie ; que dans son séjour en Sardaigne il avait contracté les fièvres intermittentes accompagnées d'engorgement du foie, que

pendant de longues années il avait souffert des suites de ces fièvres, et que son visage avait conservé depuis lors une teinte cuivrée. Sa santé cependant s'était assez améliorée pour lui permettre de se marier quelques mois avant l'accident.

Les *néphrites* se maintiennent dans la proportion ordinaire des autres maladies, j'ai constaté une seule fois un double abcès des reins. Le malade mourut des suites de la suppuration. A l'autopsie j'ai trouvé les reins complétement dégénérés et ne formant plus que deux grands foyers de matière puriforme. Le sujet de cette observation habitait Menton depuis peu de temps ; il me raconta que, pendant son séjour à Marseille, il avait été atteint d'une constipation très-opiniâtre et accompagnée d'une accumulation de matières fécales, vers le côté gauche du ventre, dont il n'avait pu se débarrasser qu'au bout de six mois et après l'expulsion d'une grosse boule formée par l'agglomération desdites matières indurées. Le malade me donna ces renseignements pour m'éclairer sur la marche d'une maladie analogue à la première pour laquelle il avait demandé mes conseils. J'ai constaté en ef-

fet à l'endroit de la valvule iléocécale, la formation d'une tumeur mobile qui n'a été expulsée
qu'au bout de plusieurs mois et qui était formée de matières fécales indurées ; cette boule
qui avait la forme et la grosseur d'un œuf de
dinde présentait à son centre des grains de rai-
sin qui formaient le noyau de l'agglomération ;
le malade se rappela effectivement que les premiers symptômes de son état de constipation da-
taient de l'automne. Cet arrêt de matières avait
donc engendré un rétrécissement du côlon.

Les *coliques néphrétiques* et *biliaires* n'ont pas
une importance très-marquée ; elles se présentent
quelquefois, mais elles cèdent promptement à
l'emploi des opiacés, et des injections sous-cu-
tanées de sels de morphine.

L'*albuminurie* et le *diabète* sont très-rares ; la
première complique souvent les maladies de
cœur, et les ascites, je n'ai observé la seconde
que deux fois.

Les *cistites* et les *catarrhes* de la vessie affectent principalement les vieillards ; la terminaison
en est presque toujours heureuse.

Les *métrites* suivent la proportion ordinaire
des autres maladies. Souvent elles sont accom-

pagnées d'un état nerveux très-prononcé. Les femmes y sont plus sujettes à l'âge de retour, c'est alors qu'on voit se développer l'hystérie, affection qui, sans jamais être grave, déconcerte souvent la thérapeutique par les formes étranges qu'elle revêt, et l'état de désespoir dans lequel elle plonge les malades.

Les *ovarites* sont d'une rareté extrême, c'est à peine si j'en ai observé une dizaine de cas; elles sont le plus souvent liées à des kystes; deux fois j'ai pratiqué la ponction avec succès. Les préparations iodées et l'application locale de la teinture d'iode m'ont toujours réussi à apporter une heureuse modification. Parmi les cas de kystes de l'ovaire, il me paraît intéressant de rappeler l'heureuse terminaison de l'un d'entre eux.

Madame A. L..., femme d'un des comiques les plus appréciés de Paris, était atteinte d'un kyste de l'ovaire du côté gauche. Comme le volume n'était pas très-considérable, avant d'en faire la ponction j'ai voulu la soumettre à un traitement ioduré, et aux frictions de teinture d'iode. Elle suivait ce traitement depuis deux mois lorsqu'elle fut saisie d'un rhumatisme articulaire qui la força à garder le lit pendant deux mois. Un double épanchement des plèvres mit ses jours en danger; de larges vésicatoires volants et des diurétiques le firent disparaître, mais en même temps que l'épanchement se produisait, l'accumulation de la sérosité dans le kyste prenait des proportions insolites; la tumeur, d'abord limitée à la région inguinale, parvint en très-peu de temps à la hauteur de la région ombilicale. En même temps, l'ovaire du côté droit commençait à se tuméfier. La ponction devenait de plus en plus indispensable, j'allais me décider à la pratiquer, lorsqu'à l'une de mes visites elle me présenta une cuvette complétement remplie d'une matière assez épaisse couleur café au lait; elle me raconta alors que le matin, au moment de la mixtion, elle fut étonnée de la quantité considérable de liquide qu'elle rendait et du soulagement qu'elle éprouvait dans l'abdomen; l'étonnement de la malade fut à son comble, lorsqu'elle vit, pendant que l'écoulement continuait toute la journée, que la tumeur s'affaissait et se limitait à la hauteur de la région inguinale. La sécrétion de cette purée, comme l'appelait en plaisantant la malade, se prolongea pendant plusieurs mois, et les deux kystes disparurent complétement. Aujourd'hui madame L... jouit d'une santé des plus florissantes, elle joue avec le même entrain qu'autrefois; l'embonpoint est revenu, rien enfin ne laisse supposer qu'elle ait pu être atteinte d'une lésion si grave, guérie par les seules forces de la nature.

Parmi les maladies qui sont sous la dépendance d'une discrasie morbide, je dois citer la *scrofule*.

Très-fréquente comme je l'ai rappelé, parmi les habitants, il y a vingt-cinq ans, elle perd de jour en jour de son intensité. Il est facile de prévoir qu'elle disparaîtra heureusement d'une manière complète, avec le plus grand bien-être du pays, avec l'assainissement des logements occupés par les classes ouvrières et nécessiteuses.

La *gravelle* et la *goutte* sont des maladies rares; on ne les a rencontrées qu'exceptionnellement à l'état héréditaire dans les familles, et quand elles y apparaissent, elles sont presque exclusivement l'effet immédiat des mariages consanguins (contractés entre parents rapprochés).

La rareté de la goutte contraste avec la fréquence très-accentuée du *rhumatisme inflammatoire*. Ce dernier reconnaît pour causes les brusques transitions atmosphériques, mais il

cède promptement au traitement antiphlogistique, aux diurétiques. Le nitrate de potasse en
particulier m'a rendu de grands services dans le
traitement du rhumatisme articulaire comme
succédané de la saignée. Les saisons d'été et
d'automne donnent un chiffre plus élevé de rhumatismes que celles d'hiver et du printemps ; il
faut cependant observer que, dans les diverses
formes de rhumatisme, la musculaire domine
de beaucoup l'articulaire, quoique plus douloureuse elle disparaît plus promptement.

Les *érysipèles* sont encore des maladies assez
fréquentes ; elles se présentent de préférence l'été
par suite des fortes chaleurs et de l'insolation ;
les maçons et les cultivateurs y sont plus sujets
que les autres professions, elles coïncident aussi
avec des troubles gastriques ou avec des perturbations par refroidissement. En général elles se
localisent à la figure et aux membres ; elles se
compliquent rarement d'accidents inflammatoires des méninges. Les émétiques et les purgatifs forment presque d'une manière exclusive
la base du traitement.

Les maladies de la *peau* sont sans importance
à Menton, elles ne s'y présentent jamais que

comme des cas isolés. J'ai vu plusieurs fois le *Zona Zoster* avec ses caractères essentiels de douleur excessive et de durée extraordinaire.

Je pourrais citer entre autres le cas d'une dame très-âgée qui a gardé du feu de Saint-Antoine le plus effrayant souvenir.

CHAPITRE VIII

MALADIES CHIRURGICALES.

§ 1. Après avoir exposé les maladies médicales, pour rester fidèle au plan que je me suis tracé, je dois passer en revue les maladies chirurgicales. Comme celles-ci ne sont pas liées aux conditions du sol et qu'elles se trouvent tout au plus sous l'influence des différentes professions, elles ne présentent pas la même importance climatologique que les autres ; mais, comme je désire donner un tableau fidèle et un aperçu général des maladies qui règnent à Menton, je suis obligé de leur consacrer dans ce travail quelques chapitres distincts.

Je ne puis donc suivre la méthode des régions, en raison du peu d'importance et de fréquence que présentent dans un pays comme le nôtre les maladies chirurgicales. Comme pendant le cours des vingt-cinq années qui forment la base de cette étude, j'ai eu l'occasion d'observer des cas qui méritent une attention spéciale, j'aurai soin de les décrire brièvement au fur et à mesure que je traiterai les groupes d'affections auxquelles ils se rattachent.

Les travaux de culture et de construction imposent aux habitants de Menton des fatigues extraordinaires, c'est à ces deux genres de professions qu'on peut attribuer le plus grand nombre de lésions.

Pour procéder avec ordre, je signalerai d'abord les contusions, les fractures et les luxations; viendront ensuite les blessures et les plaies chroniques, puis en dernier lieu les maladies qui sont propres à des organes spéciaux et les accouchements.

§ 2. *Contusions.* — Ce genre de lésions est assez commun. Je les ai observées sous toutes les formes et sur toutes les régions du corps, généralement chez les maçons elles sont produites par des coups directs; chez les cultivateurs par des chutes dans des endroits accidentés. Je ne possède pas d'observations où elles aient été d'une gravité particulière, mais ce que je peux affirmer, c'est que la guérison est toujours la terminaison constante, quoique dans les statistiques de l'hôpital leur chiffre s'élève, pendant vingt-cinq ans, à plus de cent quatre-vingts; elles n'ont jamais été cause de mort, et, comparativement aux autres affections, la guérison a toujours été prompte.

§ 3. *Fractures.* — Les fractures fournissent parmi les maladies chirurgicales un contingent très-élevé. Ainsi, si le service de l'hôpital seul présente un chiffre de soixante-seize fractures différentes, une pratique particulière m'en donne plus de deux cents, ce qui élèverait la proportion des fractures à onze par année.

Les fractures de la tête ne se rencontrent jamais isolées, car elles sont toujours une funeste complication de blessures plus graves; je les ai observées plusieurs fois à la suite de chutes faites dans les montagnes; la gravité et la multiplicité des lésions ne permettaient alors qu'une constatation de décès. J'ai obtenu une guérison complète chez une petite fille de quatre ans qui, en tombant de la hauteur de 14 mètres sur un rocher, s'était fracturé l'os pariétaire droit dans sa partie moyenne. Des esquilles d'os s'étaient séparées successivement; les pulsations du cerveau étaient visibles à l'œil nu. On n'ob-

serve plus sur la tête de cette femme, aujour-
d'hui mère de famille, qu'une légère dépression.

La fracture du maxillaire supérieur est
encore plus rare que celle de la mâchoire inférieure. Je dois cependant en signaler deux cas
qui m'ont paru dignes d'intérêt. Le premier est
celui d'un charretier qui reçoit d'un cheval
vicieux un coup de pied en pleine figure ; le nez
est écrasé, fracturé ; la lèvre supérieure est
divisée ; le palais fendu et l'os maxillaire supérieur fracturé longitudinalement. Cet homme,
par suite de la congestion cérébrale qui a suivi
l'accident, a été pendant plusieurs jours entre la
vie et la mort ; mais, comme il était doué d'une
constitution très-forte, il a pu guérir complétement, ne présentant d'autre trace de l'accident
qu'une petite déviation de la cloison du nez. Au
moyen d'une ligature faite avec un fil d'argent
autour de deux dents incisives restées en place,
j'ai pu limiter les mouvements des fragments et
favoriser la consolidation de la fracture.

Le second cas, encore plus grave, concerne
un jeune charretier. Pendant qu'il était assis sur
l'arrière de sa charrette, ayant voulu se pencher
pour serrer la mécanique, il perdit l'équilibre

et tomba avec la tête entre la charrette et la roue, alors que celle-ci se trouvait en mouvement. Lorsqu'on le conduisit à la maison, la tête de ce jeune homme était horriblement défigurée. Outre les blessures sans nombre qui labouraient la tête et la figure, je constatai une fracture longitudinale du maxillaire supérieur, une fracture médiane de la mâchoire inférieure, et une fracture de sa branche gauche; le fragment de mâchoire compris entre ces deux fractures supportait les dents incisives gauches, la canine et les deux premières molaires. Il serait impossible de décrire toutes les complications inflammatoires qui ont suivi l'accident, les appareils qui ont été construits à cet effet et qu'il a fallu modifier au jour le jour pour obtenir la consolidation de toutes ces fractures. La ligature métallique des dents m'a été d'un grand secours pour limiter les mouvements de la mâchoire inférieure, ainsi qu'un étrier en fer supportant le morceau mobile de la mâchoire et prenant son point d'appui sur la tête. A force de patience, j'ai pu obtenir une consolidation si satisfaisante, que le niveau des dents de la mâchoire inférieure est conservé et que la figure du jeune homme ne présente

que des cicatrices peu apparentes, j'en conserve
précieusement la photographie, qui a été tirée
quelques mois après la guérison; j'ai revu mon
malade il y a trois ans, et jamais on ne se dou-
terait de l'existence antérieure des lésions que je
viens de décrire.

§ 4. *Fractures des os de la poitrine.* — Les
fractures de la clavicule et des côtes sont presque toujours le résultat de chutes faites d'une
certaine élévation ou d'un coup reçu sur l'é-
paule; dans les fractures des côtes le bandage à
corps suffit pour les tenir en place; celui de
Dessault m'a toujours bien réussi dans les fractures de la clavicule.

Chez les enfants il est rare d'obtenir la doci-
lité nécessaire pour avoir une consolidation régulière, mais l'âge et l'ossification ultérieure des
os régularisent bien souvent les petites difformités
du col.

Les fractures du sternum sont presque toujours le résultat d'une chute ou d'un écrasement;
elles sont constamment dangereuses et se compliquent de lésions très-graves des organes de la
poitrine et d'épanchements de sang. Le sternum
cependant peut se fracturer transversalement et

par contre-coup, Monteggia, Boyer, Chelius
Nélaton rapportent tous le cas observé par David,
décrit par lui dans un mémoire sur les effets du
contre-coup. Sabattier en rapporte un cas, et
Cassan un autre suivis de mort; Chaussier dit
aussi avoir vu la fracture du sternum à la suite
des fortes contractions musculaires pendant l'accouchement.

Dans l'espace de vingt-cinq ans, j'ai vu trois
fois la fracture transversale du sternum produite
par contre-coup à la hauteur des deux premiers
morceaux qui constituent cet os. Le premier cas
chez une vieille femme de quatre-vingt-sept ans,
qui, étant tombée en arrière pendant qu'elle portait un lourd fardeau sur la tête, se heurta le dos
avec violence sur un gros morceau de bois; elle
guérit au bout de deux mois et arriva sans en-
combre à l'âge de quatre-vingt-dix-sept ans.

Le second cas est celui d'un homme de cinquante-cinq ans qui, en tombant du haut d'un
arbre sur les pieds, perdit l'équilibre et se ren-
versa avec le corps en arrière; au moment de la
chute, ainsi que la femme dont j'ai parlé, il res-
sentit une forte douleur au milieu du sternum
accompagné d'un craquement particulier; il a

guéri parfaitement dans l'espace de deux mois, et maintenant, quoique âgé de plus de soixante-dix ans, il ne cesse de travailler aux champs.

J'ai constaté le troisième cas chez un homme de soixante ans, tombé dans les mêmes circonstances ; d'autres fractures s'étant faites à la partie postérieure des côtes, il mourut à la suite d'un épanchement de sang dans la cavité de la poitrine.

Le mécanisme des fractures transversales du sternum est musculaire ; il faut que le corps soit rejeté en arrière, pendant que les pieds se trouvent fixés au sol ; l'âge avancé y prédispose à cause de la friabilité plus grande des os.

§ 5. Les *fractures du bras* ne sont pas aussi fréquentes que celles de l'avant-bras, et surtout que celles du radius à son tiers inférieur. Je n'exagérerais pas en disant que sur trente fractures des bras, plus des deux tiers appartiennent à l'avant-bras et principalement au radius. Cela s'explique par la cause qui les produit, c'est toujours une chute d'un lieu élevé ou d'un escalier qui la détermine ; dans ces cas tout l'effort est supporté par la main portée en avant à l'effet de parer le coup, et la fracture du radius se produit à l'endroit indiqué.

Le traitement est des plus simples ; le bandage de Scultet bien appliqué et dextériné rend de grands services ; il faut faire exécuter de bonne heure des mouvements au membre pour prévenir la rigidité articulaire. Chez les enfants qui n'ont pas encore les os parfaitement ossifiés, j'ai constaté plusieurs fois des fractures incomplètes.

Parmi les fractures du bras, je n'ai rencontré que deux fois la fracture du col de l'humérus ; la guérison s'est opérée néanmoins sans qu'il soit resté de gêne dans les mouvements de rotation ; ceux d'élévation du bras étaient plus limités ; les fractures du corps de l'humérus guérissent parfaitement, alors même qu'elles soient compliquées de très-fortes contusions.

Je ne parlerai pas des fractures des os de la main parce que, prises isolément, elles sont très-rares ; le plus souvent elles constituent une dangereuse complication des blessures par écrasement ou de celles par armes à feu ; dans ces cas il y a toujours une élimination de fragments d'os qui rendent indispensables des amputations partielles ou totales.

§ 6. *Des fractures du bassin.* — Ces fractures,

comme celles de la tête, sont excessivement graves, et s'accompagnent de lésions, souvent mortelles, des organes de l'abdomen.

Je n'ai vu qu'un seul cas de fracture de la crête iliaque droite, sans déplacement, occasionnée par une chute sur le bassin; la guérison se fit complétement sans beaucoup de complications. Une lésion très-rare et très-importante sous le rapport pathologique, c'est la rupture des ligaments de l'articulation sacro-iliaque.

La réunion des os des îles avec le sacrum est du genre des symphyses, et se fait au moyen de ligaments très-serrés; le sacro-iliaque antérieur, le sacro-iliaque supérieur, le sacro-iliaque vertical postérieur, le ligament interosseux, et l'iléo-lombaire; tous ces ligaments ne permettent aucun mouvement et retiennent en place les deux faces obliques des deux os. Pour que la rupture de ces ligaments puisse s'effectuer, il faut que deux forces agissent en sens contraire; l'une obliquement sur le sacrum, et l'autre sur l'articulation coxo-fémorale, et encore dans l'action de ces deux forces violentes, il sera plus facile de produire des fractures très-graves que la lésion dont je veux parler. Les conditions dans

lesquelles elle a été produite donnent à ce cas
un intérêt tout particulier.

Un maître maçon surveillait le transport d'une
charrette chargée de briques et conduite à bras;
comme il s'agissait de lui faire descendre une
petite pente qui, de la place du Cap, se dirige
dans la rue Saint-Michel, il s'efforça de la rete-
nir en se plaçant près de la roue droite; au
tournant de la rue, la charrette ayant tout à
coup obliqué à droite, le maçon fut violemment
jeté et serré contre un pilier en pierre de taille,
et pris de telle façon, que le moyen de la roue
se trouva placé contre l'articulation coxo-fémorale gauche, et l'angle du pilier contre le côté
gauche du sacrum. La marche s'étant trouvée
impossible au moment où on le releva, il fut
transporté à son domicile. Ayant assisté par
hasard à l'accident, j'ai pu soigner immédiatement le malade; ma première idée porta tout
d'abord sur une lésion de l'épine dorsale ou sur
une fracture de l'articulation coxo-fémorale.
L'examen attentif du malade ne me fournit aucun
signe de fracture des os du bassin. Les deux
membres avaient la même longueur; les mouvements de la cuisse sur le bassin étaient régu-

liers. Il n'existait aucun symptôme de paralysie le long des jambes. Le malade, toutefois, accusait une forte douleur au niveau de la symphyse sacro-iliaque ; dans la position allongée et normale l'on ne découvrait aucun signe de lésion, mais en faisant fléchir fortement la cuisse sur le bassin et en exécutant des mouvements de pression sur l'articulation fémorale, pendant que l'autre main était appuyée sur le point douloureux du sacrum, j'ai pu distinctement sentir le mouvement de déplacement et de frottement des deux faces articulaires ; comme en répétant plusieurs fois le même mouvement, j'obtenais toujours la même sensation, j'ai dû naturellement diagnostiquer une rupture des ligaments sacro-iliaques opérée par l'action violente de deux forces agissant en sens contraire. Le malade ne pouvant rester que sur le dos, je dus employer un bandage de corps serrant le bassin, et faire maintenir cette position pendant deux mois. A part quelques accidents inflammatoires du côté de l'abdomen, la marche de la consolidation se fit d'une manière régulière. Pendant plusieurs mois il fut obligé de marcher avec des béquilles parce qu'il n'avait pas la force de se soutenir. Il se fortifia ensuite tellement bien qu'il devint père d'une nombreuse famille, et il continue encore aujourd'hui sa profession de maçon ; il n'éprouve aucune gêne pour monter sur les échafaudages, et ne conserve dans sa démarche qu'un léger mouvement d'ondulation analogue à la marche du canard.

§ 7. Les fractures du col du fémur et de la cuisse sont rares. Je n'ai observé que trois cas des premières : malgré les appareils à extension permanente, laguérison s'est effectuée avec un raccourcissement qui variait de 3 à 5 centimètres selon que la fracture du col était intra ou extra capsulaire. Les fractures du corps du fémur se sont toujours guéries sans raccourcissement.

Les fractures des jambes sont bien plus fréquentes ; à l'hôpital j'en ai soigné quarante et une. Elles se présentent de préférence chez les maçons et les cultivateurs ; comme elles sont déterminées le plus souvent par des chutes, elles sont rarement simples et se compliquent le plus souvent de contusions très-graves et de blessures ; les accidents inflammatoires sont alors très-communs. Dans ces cas les irrigations continues d'eau froide pendant les huit ou dix premiers jours m'ont rendu de grands services. Lorsque les pansements journaliers sont indispensables, je contiens la fracture avec le bandage Scultet; dans les cas les plus simples, le bandage inamovible me permet de rendre plus promptement au malade la liberté de ses mouvements.

Parmi les cas de fractures multiples des jambes, je dois citer celui d'un enfant qui avait eu les deux jambes prises dans les rayons d'une roue de charrette en mouvement. Dans cet accident la jambe droite s'est trouvée fracturée en deux endroits, et la cuisse gauche vers son milieu; malgré ces trois fractures la guérison de l'enfant s'est faite sans raccourcissement, et d'une manière complète; c'est aujourd'hui un grand et beau jeune homme.

Sur plus de vingt fractures comminutives des deux os de la jambe, je ne me suis trouvé que deux fois dans la nécessité de pratiquer l'amputation de la jambe; dans les autres cas, malgré leur excessive gravité, j'ai pu conserver le membre sans difformité aucune et sans raccourcissement.

En voici trois exemples remarquables : 1° Un monsieur natif de Paris, d'un tempérament très-lymphatique, fut atteint en tombant de cheval d'une fracture en bec de flûte de la jambe droite, fracture compliquée de plaies et de gangrène. La guérison s'est si heureusement effectuée dans l'espace de quatre mois, qu'en le rencontrant au mois d'août dernier, c'est-à-dire, quatre ans après l'accident, il m'était difficile de juger à sa démarche, qu'il avait eu la jambe si affreusement fracturée.

2° Un ouvrier maçon, en tombant du haut d'un échafaudage de 6 mètres de hauteur, eut la jambe gauche fracturée au tiers inférieur avec blessure et sortie de 10 centimètres du tibia. Soigné à l'hôpital, le malade en est sorti guéri six mois après. La guérison a été si parfaite, qu'il a pu reprendre le service militaire pendant la guerre de 1871. Malheureusement, après avoir échappé aux dangers de l'amputation, il a succombé à Toulon, par suite de la petite vérole.

3° Le troisième cas, le plus extraordinaire, est celui d'un homme de cinquante-cinq ans, qui, dans les travaux du port, a eu la jambe droite écrasée par un bloc de pierre. Malgré une plaie circulaire de 25 centimètres d'extension, malgré la sortie de plusieurs esquilles d'os, malgré la gangrène et des abcès sans nombre, il a pu conserver sa jambe. Bien qu'il soit toujours à l'hôpital, la consolidation du cal est tellement avancée, que la guérison sans raccourcissement peut être considérée comme un fait accompli : dans ces deux derniers cas, je me suis servi avec beaucoup de succès d'un appareil de Baudens, modifié par moi, avec lequel je pouvais maintenir la jambe dans l'extension continuelle ; j'ai présenté ces jours derniers cet appareil à la Société de chirurgie de Paris.

§ 8. *Fractures de la rotule.* — Ces fractures que j'ai rencontrées six fois, étaient toujours occasionnées par une chute sur les genoux. La guérison a été complète et s'est effectuée au moyen d'une substance presque cartilagineuse qui réunissait les fragments. Tous les six malades mènent une vie des plus laborieuses.

§ 9. *Luxations.* — Elles sont très-rares à Menton ; j'ai rencontré dans ma pratique dix fois celle de la tête de l'humérus dans sa forme la plus ordinaire, l'antéro-inférieure qui est très-facilement réductible ; trois fois la luxation huméro-cubitale en arrière, dont la réduction n'est qu'une affaire d'habitude et de dextérité manuelle. Toutes ces luxations sont occasionnées le plus souvent par une cause indirecte, une chute sur la main, sur le coude, ou sur l'épaule à bras allongé. Je n'ai constaté de complications sérieuses que dans un cas ; la luxation était accompagnée d'écrasement du coude, et avait donné lieu à des exsudations plastiques et à une pseudo-ankylose. Je n'ai constaté que deux fois la luxation du col du fémur ; la guérison ne s'est obtenue qu'avec un raccourcissement de quelques centimètres.

§ 10. *Blessures et plaies chroniques.*— Ce genre de lésions n'offre rien de bien saillant ; le caractère paisible des habitants ne les expose pas comme en d'autres pays à des rixes journalières et à des blessures fréquentes ; si on en rencontre quelques-unes par cette cause, elles sont tellement rares que dans l'espace de vingt-cinq ans, je ne pourrais citer qu'un nombre très-limité de cas. Parmi ces derniers, je ne mentionnerai qu'une blessure de l'abdomen sur une femme. Cette blessure pénétrante avait été accompagnée d'hémorrhagie abondante dans la cavité abdominale, d'évacuations sanguinolentes et de vomissements de même nature. Pendant huit jours cette femme est restée entre la vie et la mort, et elle n'a dû sa guérison qu'à la persistance que j'ai mise à provoquer la formation d'un coagulum intestinal au moyen de la glace administrée intérieurement et appliquée extérieurement sur le ventre, du perchlorure de fer, de l'ergotine, etc., etc.; au huitième jour les premières évacuations alvines déterminèrent une petite hémorrhagie, mais le coagulum du sang ne fut évacué complétement que le quinzième jour; dès ce moment la maladie marcha régulièrement, la blessure se cicatrisa, et la malade put quitter son lit au bout d'un mois et demi sans conserver de traces de cette grave lésion.

§ 11. Les blessures accidentelles d'armes à feu sont toujours très-graves, en raison de leur nature, en raison aussi des ravages qu'elles causent elles sont suivies d'amputation, souvent de mort. Dans les blessures des jambes occasionnées par des éclats de mines, ou par armes à feu, et qui ont nécessité l'amputation, j'ai obtenu cinq fois un plein succès. Dans deux cas d'amputation de la cuisse, j'en ai obtenu un avec succès, l'autre s'est terminé par la mort. J'ai pratiqué quatre fois avec succès l'amputation du bras et de l'avant-bras, et huit fois les amputations partielles de la main.

Parmi les cas remarquables de blessure par armes à feu, je citerai celui d'un gendarme italien qui dans un moment de désespoir occasionné par une punition injuste, avait voulu se suicider en déchargeant son pistolet d'ordonnance sous le menton.

La balle traversa les muscles de la région ioïdienne, la langue, le palais, et vint se loger au-dessous de l'ethmoïde derrière les os propres du nez sans fracturer ni ces os ni le vomer. J'ai pu constater la présence du corps étranger au moyen de deux sondes, l'une passée à travers les fosses nasales, et l'autre introduite dans la blessure du palais ; à la jonction des deux sondes, je rencontrai la balle dont je fis aisément l'extraction. Le malade n'éprouva aucun accident pendant les premiers jours, mais au huitième il fut menacé de suffocation, par suite d'un abcès de la langue : une incision pratiquée promptement donna issue à une quantité considérable de pus et à un petit corps étranger qui placé dans l'eau et déployé se trouva constitué par une portion de cartouche qui recouvrait la balle. Après avoir pénétré avec la balle par le plancher de la bouche elle s'était arrêtée dans l'épaisseur de la langue. La maladie dès lors marcha sans entraves vers la guérison, et ce militaire au bout d'un mois put reprendre son service. Pour se rendre un compte exact du mécanisme de cette blessure, il faut avoir présent à l'esprit la direction de l'arme, et des déviations qu'a subies la balle en traversant le plancher musculaire, la langue, le palais, et les fosses nasales ; dans les blessures d'armes à feu, l'aspérité d'un os suffit pour faire dévier une balle ; ici l'os du palais et le vomer ont pu suffire à déterminer la déviation. Une autre considération doit être faite pour expliquer le peu de ravages occasionnés par la balle, et qui découle du développement des gaz qui se dégagent au moment de l'explosion d'une arme à feu. La balle qui parcourt toute sa parabole fait plus de ravages, que celle qui sort d'un canon de pistolet ou de fusil alors qu'il est appliqué sur la peau même. Dans le premier cas, l'impulsion donnée par le gaz a toute sa force, et la balle agit en raison de la vitesse acquise; dans le second cas, la bouche de l'arme appliquée exactement sur la peau empêche le développement de la vélocité, et les blessures sont moins graves.

§ 12. Dans les cas de blessures ordinaires, et qui ne demandent que des soins en rapport avec la lésion ou avec la pratique que l'on a acquise, j'ai toujours pour principe de tenter la réunion immédiate ou par première intention. J'ai vulgarisé de tout mon pouvoir ce principe dans le pays, et l'on s'aperçoit aujourd'hui de la justesse des préceptes, qui en simplifiant les blessures et en les mettant à l'abri du contact de l'air, limitent la suppuration et accélèrent la guérison. Ce système a détrôné tous les médicaments empiriques et toutes les herbes à action plus ou moins vulnéraire qu'on avait l'habitude d'appliquer sur toutes les blessures.

Dans les blessures à lambeaux, je place quelques points de suture que je retire le cinquième jour; je n'ai pas souvenance que cette médication m'ait jamais fait défaut; elle permet d'obtenir la guérison par première intention, et je l'ai toujours pratiquée dans les blessures de la tête et de la figure. Les irrigations froides rendent de grands services pour limiter les complications inflammatoires, pendant que les pansements à l'eau-de-vie sont très-efficaces dans les suppurations excessives.

Les [plaies chroniques des jambes se rencontrent plus spécialement chez les vieillards ; elles se maintiennent toutefois dans la proportion ordinaire des autres affections de cet âge. Dans ces derniers temps lorsque ces plaies étaient entretenues par un vice herpétique, j'ai obtenu de bons résultats des eaux sulfurées calciques et sodiques de Pigna dans la vallée de la Nervia, où va s'élever bientôt un établissement thermal. Ces eaux que j'utilise depuis plusieurs années à Menton même dans l'établissement, sont administrées à l'intérieur, en boisson et en inhalations, à l'extérieur en bains.

D'ordinaire les plaies chroniques qui dominent chez les enfants sont de nature scrofuleuse, la médication doit être alors dirigée exclusivement contre les causes qui les ont produites; l'iode et les bains de mer m'ont toujours paru des *remèdes souverains*. Lorsque la scrofule se fixe sur les articulations, elle donne origine à des tumeurs blanches qui quelquefois malgré l'action salutaire des bains de mer nécessitent l'amputation : j'ai pratiqué six fois des opérations pour des cas de cette nature ; l'amputation a porté tantôt sur les bras et tantôt sur les jambes.

§ 13. Des *brûlures*. — Je ne m'arrêterais pas sur ces lésions d'ailleurs peu communes, si je n'avais besoin d'insister sur une particularité du traitement.

J'ai constaté à plusieurs reprises l'efficacité de l'application sur les brûlures du vernis des peintres. Je l'ai employé sur moi-même pour une vaste brûlure de la main droite, et sur des brûlures des bras, du cou, de la figure ; la guérison a été toujours complète au bout de quinze jours. Il faut avoir soin d'étendre le vernis trois fois par jour, sur la partie malade, avec un pinceau, et de couvrir ensuite les plaies avec du taffetas gommé.

CHAPITRE IX

§ 1. Après avoir jeté un coup d'œil rapide sur
les maladies chirurgicales en général, je dois
signaler celles qui affectent un système, ou un
organe spécial. Le cadre sera encore plus restreint que l'autre, mais, comme j'ai pu dans
plusieurs circonstances faire des observations
qui ne manquent pas d'intérêt, il ne sera pas
inutile d'en parler ici.

Le système circulatoire est celui qui m'a présenté à Menton, les cas les plus rares; cela tient
à la délicatesse du tempérament et à la prédominance de ce système sur les autres systèmes de
l'économie. Je ne m'arrêterai pas sur la fréquence des varices chez les femmes de la classe
ouvrière et chez les porteuses de citrons; les mar-
ches fatigantes, les grossesses répétées finissent

par rendre les jambes de ces femmes tellement déformées, que l'application des bas lacés ou élastiques devient impossible.

Les tumeurs sanguines variqueuses ne sont pas rares, et j'ai pu en guérir un grand nombre soit avec la ligature, lorsqu'elles ont un pédoncule, soit avec l'écraseur, lorsqu'elles siégent autour de l'anus. Il existe cependant des formes qui, sortant par leur nature et par leur position des règles générales, ne trouvent pas de ressources dans l'art médical et suivent fatalement leur cours mortel. Dans cette catégorie rentrent les deux cas que je me plais à relater parce qu'ils constituent une forme pathologique exceptionnelle.

Le premier cas est celui d'un jeune homme, facteur de la poste, qui avait toujours joui d'une excellente santé : un certain jour, il fut pris d'une douleur aiguë au mollet droit qui fut suivie peu de temps après par une tumeur de grosseur limitée. Cette tumeur qui était accompagnée d'une inflammation du tissu cellulaire sous-aponévrotique simulait un abcès profond de la région poplitée, et il fut traité en conséquence par d'autres médecins qui persistaient à vouloir pratiquer une large incision. Comme pour moi la nature variqueuse de la tumeur était évidente, je me contentai d'appliquer deux ligatures au-dessus et au-dessous de la tumeur, pour en démontrer la nature par l'augmentation instantanée qu'elle subissait. Une ponction exploratrice n'ayant fourni que du sang vint confirmer mon diagnostic. Il n'y avait dès lors d'autre espoir de sauver la vie qu'en pratiquant l'amputation de la jambe ; cette dernière ressource fut rendue impraticable par l'affaiblissement du malade et l'extension de la lésion aux veines de la cuisse.

L'autre cas est celui d'un vieillard, sonneur de cloches, qui, ayant fait une chute dans l'escalier du clocher, fut pris au bout de quelque temps d'une douleur dans la région de la fosse iliaque gauche, suivie d'une tuméfaction du même côté. Le malade ne vint réclamer mes soins que lorsque la tumeur était déjà assez volumineuse pour le gêner dans la marche. L'ayant visité avec soin je trouvai effectivement une tumeur qui s'étendait depuis les fausses côtes jusqu'à la région inguinale, et transversalement de l'ombilic à la crête iliaque supérieure. La fluctuation très-apparente, la chaleur de la tumeur, la marche progressive, et l'absence de battement me firent diagnostiquer un abcès iliaque ; cet avis fut partagé par mon regretté confrère le Dr Bottini appelé en consultation. L'indication était de donner issue au pus par l'ouverture de l'abcès ; mais, comme je redoutais l'évacuation totale d'une si grande quantité de pus, je me décidai à faire une ponction oblique à travers la peau et les muscles avec un bistouri très-fin. La sortie d'un sang noir parfaitement liquide m'éclaira tout de suite sur la nature de la maladie. Après avoir retiré trois ou quatre onces de sang, je réunis la blessure au moyen d'une suture entortillée, et je fus forcé d'abandonner le malade à son malheureux sort. L'épanchement du sang augmenta d'une manière si notable dans les vingt-quatre heures, que le malade succomba à la suite de syncopes répétées.

L'autopsie me donna les résultats suivants : Un énorme foyer formé en arrière par l'aponévrose iliaque, en dedans par le péritoine refoulé avec les intestins contre la ligne médiane des muscles droits, en avant par les muscles abdominaux. La quantité de sang contenue dans ce foyer s'élevait à quinze litres environ : il était en partie liquide, et en partie coagulé. Après avoir retiré tout le sang, j'aperçus l'aponévrose iliaque parsemée de plaques variqueuses formées par une agglomération de petites veines d'où provenait le suintement. Les veines iliaques du même côté étaient hypertrophiées, tandis que celles du côté droit étaient atrophiées. Je ne constatai aucune lésion dans les artères, le foie et la rate (V. *Gazzetta medica italiana Stati Sardi*, 1857).

§ 2. Les *anévrismes* sont très-rares; je ne puis en relater que deux cas : l'un de la carotide gauche que j'ai traité, en 1857, par la compression digitale. La maladie s'arrêta, mais au bout de quelques années elle reprit une marche progressive, et parvint lentement à un tel volume que toute opération devint impossible. Le malade mourut au commencement de cette année à la suite d'une hémorrhagie foudroyante.

Le second concerne un jeune homme qui à la suite d'un effort fait sur la jambe droite, pendant qu'il était à la chasse, vit se former un anévrisme poplité. Ayant pratiqué sans succès la ligature de l'artère fémorale à cause de la gangrène de la jambe, l'amputation de la cuisse devint inévitable; le malade supporta bien l'opération et guérit. Il est mort six ans après à la suite d'une apoplexie cérébrale foudroyante.

§ 3. Parmi les maladies chirurgicales qui sont entretenues par une diathèse spécifique, on doit placer les affections *cancéreuses*. J'ai observé et opéré dix fois, avec succès, le cancer de la lèvre inférieure sur des individus habitués à fumer la pipe en terre très-culottée ; en dehors de la prédisposition du malade, cette habitude invétérée, et l'action de la nicotine peuvent avoir déterminé la maladie. J'ai opéré neuf fois le cancer du sein : chez deux malades il y a eu récidive ; six ont succombé quelques années après et trois vivent encore actuellement. Le cancer du col de la matrice n'est pas fréquent ; j'en ai traité dix cas ; il est presque superflu d'ajouter que je n'ai jamais obtenu aucune guérison. Les opérations partielles qui ont été pratiquées n'avaient d'autre but que de soulager les malades et de prolonger leur existence. Les tumeurs *cystiques* ne sont pas plus fréquentes que dans les autres pays, et les opérations que j'ai pratiquées sur les différentes régions, soit à la tête, soit à la figure, soit sur le dos n'offrent rien de remarquable. J'ai obtenu constamment une guérison complète de la maladie.

§ 4. Les *hernies* sont très-fréquentes, surtout la hernie ombilicale chez les nouveau-nés. La compression méthodique faite avec une boulette de coton, maintenue en place par une large bande de sparadrap fixée à deux points bien éloignés de l'ombilic, m'a toujours suffi pour la guérir complétement.

Chez les enfants la hernie inguinale, alors qu'elle est convenablement maintenue en place par de bons bandages, disparaît tout à fait.

Chez l'adulte les hernies inguinales sont très-fréquentes notamment chez les gens de la campagne, exposés à des efforts musculaires. Toutefois malgré cette fréquence les cas d'étranglement sont très-rares. Je n'ai dû pratiquer cette opération que trois fois, et j'ai eu la satisfaction de sauver la vie à mes trois malades. En général, le taxis m'a toujours réussi, même dans des cas très-graves. Je dois observer à ce propos que la possibilité de voir les malades au début rendait mon intervention plus efficace. Dans les hôpitaux au contraire, comme les malades n'y arrivent qu'après avoir épuisé les ressources ordinaires, il est difficile d'opérer le taxis dans de bonnes conditions, et de réussir à faire rentrer les hernies avec cette simple manœuvre.

Parmi les cas de hernie inguinale étranglée que j'ai observés, il en est un qui mérite une mention spéciale sous le rapport pathologique.

Madame la baronne de N., de Berlin, souffrait d'une hernie inguinale gauche, qui à Berlin avait déjà exigé plusieurs fois le taxis; comme la masse intestinale était restée adhérente à l'anneau inguinal interne, cette dame ne portait pas de bandage.

Il y a cinq ans, pendant un séjour d'hiver à Menton, elle fut prise le soir après dîner de douleurs dans la région inguinale gauche et de vomissements, pendant qu'une tumeur grosse comme un œuf se formait instantanément.

Appelé en consultation par son médecin ordinaire, le docteur Stiege, nous reconnûmes une hernie inguinale gauche présentant tous les symptômes de l'étranglement; la dureté de la tumeur donnait presque l'assurance d'une hernie épiploïque, la considération de la préexistence d'une hernie irréductible donnait à ce cas encore plus de gravité. Des soins assidus donnés à la malade pendant vingt-quatre heures n'ayant pas réussi à faire rentrer l'hernie, je me décidai à pratiquer l'opération (trente heures après) en présence de MM. les docteurs Stiege, Bennet et Borriglione.

Lorsque l'intestin fut mis à nu, au lieu d'une hernie épiploïque je trouvai l'appendice vermiforme du cœcum de la longueur de 8 centimètres, qui, bourré de matières fécales, était passé par l'ouverture inguinale gauche, en se plaçant au-dessus d'une hernie des intestins grêles adhérente au bord de l'anneau inguinal. Après le débridement de l'anneau et la rentrée des matières fécales, je pus aisément réduire l'appendice vermiforme ; je détruisis, autant que possible, les adhérences de l'ancienne hernie pour la placer à l'entrée de l'anneau inguinal. La malade complétement guérie, au bout d'un mois, put rentrer en bonne santé à Berlin.

Dans la lecture assidue des livres de nos plus grands maîtres je n'ai pas pu rencontrer un cas analogue de déplacement de l'appendice vermiforme du cœcum, formant hernie au côté gauche. Si cet exemple n'est pas nouveau, il sera tout au moins l'un des plus extraordinaires.

§ 5. *Maladies des yeux.* — Parmi les maladies

spéciales, celles des yeux offrent à Menton une certaine fréquence.

L'éclat de la lumière, la température chaude, par l'excitation des fonctions palpébrales, donnent lieu à des conjonctivites catarrhales qui s'étendent parfois à toute une famille. Ce n'est pas la véritable ophthalmie catarrhale dans son intensité, mais son influence contagieuse est la même ; la propagation se fait également d'individu à individu. Toutes les fois que j'ai dû la traiter, la solution de nitrate d'argent a produit les résultats les plus satisfaisants et a arrêté la maladie. Les conjonctivites et les kératites scrofuleuses sont fréquentes surtout chez les enfants ; elles sont longues, rebelles, douloureuses par suite de la photophobie dont elles sont accompagnées. Ces maladies exigent un traitement local, conjointement à la médication générale dirigée contre l'élément scrofuleux. L'amélioration de la constitution des habitants a fait diminuer la proportion de ces affections qui sont aujourd'hui limitées aux familles pauvres, habitant des endroits humides et malsains.

Sous le **rapport** opératoire la pratique des yeux n'offre rien de bien remarquable : ainsi

dans la période de vingt-cinq ans, je n'ai eu
à opérer que dix cataractes capsulo-lenticulaires
soit par l'abaissement, soit par l'extraction, selon
la nature plus ou moins dure de la cataracte,
et les conditions de l'œil. Toutes ces opérations
ont été suivies d'un résultat favorable, et plusieurs de mes malades quoique très-âgés vivent
encore sans avoir eu de récidives. Le *glaucome*
s'est présenté trois fois ; dans le premier cas qui
date de vingt ans, la ponction de l'œil a produit
du soulagement ; la malade étant ensuite allée à
Turin y a reçu d'autres soins, mais le glaucome
ayant fait des progrès j'ai su qu'elle avait perdu
les deux yeux à la suite de graves récidives. J'ai
vu les deux autres cas chez la même malade à la
distance d'un an l'un de l'autre ; le premier glaucome par des circonstances spéciales n'a pu être
guéri par l'iridectomie, qu'alors que les symptômes aigus avaient cessé ; le résultat n'a pas été
très-satisfaisant. La seconde fois j'ai opéré l'œil
droit dans les premiers huit jours, et l'iridectomie supérieure a réussi parfaitement,
et la malade jouit d'une vue excellente. Si
l'on attend pour pratiquer l'iridectomie que les
douleurs aient cessé, la pression intra-oculaire

détermine l'atrophie du nerf optique et le résultat de l'opération est compromis.

Je ne parlerai pas des petites opérations que l'on est chaque jour forcé de faire sur l'œil ou ses annexes, à la suite de blessures des paupières, ou de corps étrangers qui pénètrent dans l'œil quelquefois à travers la cornée; comme l'indication doit être instantanée et varier selon le cas elle n'admet pas de classement possible.

L'amaurose est rare; parmi les cas que j'ai eus à traiter, il en est quatre qui sont survenus à la suite d'atrophie de la papille du nerf optique. Celle-ci a été occasionnée instantanément, par des saignées trop répétées; chez deux malades l'amaurose a envahi les deux yeux; chez les deux autres un seul. Malgré tous les efforts de l'art la vue a été à jamais perdue.

Je ne dois parler des maladies des *oreilles* que pour constater que la surdité existe dans beaucoup de familles à l'état héréditaire; on observe une foule d'indispositions de nature inflammatoire de cet organe : toutefois les otites, les otorrhées, les corps étrangers introduits dans l'oreille, ne présentent rien de remarquable et méritent à peine qu'on en fasse mention.

DES ACCOUCHEMENTS.

Je terminerai l'exposé des maladies chirurgicales en disant quelques mots des accouchements. Aux premières pages de ce travail en parlant du type des habitants et spécialement des femmes, j'ai dit que les cas de difformité de l'épine dorsale et des os du bassin n'existent pas à Menton, et que la régularité dans le développement de la taille chez les femmes était due à l'exercice qu'elles faisaient de bonne heure, et à l'habitude de porter sur la tête des fardeaux retenus en équilibre par les deux mains.

Cette observation est justifiée par le fait que dans l'espace de vingt-cinq ans, je n'ai jamais rencontré aucun accouchement dont le travail ait été retardé, ou arrêté par un vice de conformation des os du bassin, en sorte que jamais je n'ai été obligé d'appliquer le forceps pour des vices des diamètres du bassin.

Les accouchements se font avec régularité, et il est rare que des complications sérieuses surviennent ; si elles se présentent, on doit toujours les attribuer au tempérament délicat et nerveux des femmes, ou à la présentation de l'enfant.

J'ai pratiqué un nombre infini de versions, et je dois dire que le plus souvent j'étais forcé de me décider à cette opération en raison de l'inertie de la matrice, des complications d'hémorrhagie plus encore que par de vicieuses présentations de l'enfant. C'est aussi l'inertie utérine, qui m'a contraint à appliquer plusieurs fois le forceps, soit à Menton, soit dans les environs.

En parlant des maladies nerveuses, j'ai signalé l'éclampsie; j'ai constaté plusieurs fois cette complication de l'accouchement. Elle a toujours disparu à la suite de l'accouchement forcé, et je n'ai perdu d'autre malade qu'une femme qui a été atteinte de congestion cérébrale survenue après l'éclampsie. L'hémorrhagie utérine est une complication assez fréquente dans les accouchements ; lorsqu'elle dépend d'une mauvaise insertion du placenta, ou de son décollement, l'accouchement forcé est de règle, et je n'ai jamais hésité à le pratiquer immédiatement ; mais, lorsque les hémorrhagies dépendent d'un état congestif de l'organe, la saignée et l'ergotine m'ont rendu de grands services ; je n'hésite pas à donner cette dernière à des doses très-élevées ; elle ne m'a jamais présenté aucun inconvénient.

En faisant l'énumération des maladies que j'ai constatées et traitées à Menton pendant un quart de siècle, j'ai voulu laisser aux habitants un souvenir dévoué, en échange de l'affection et de l'estime qu'ils m'ont toujours témoignées.

Si mon travail peut atteindre le but que je me suis proposé, celui de servir de guide certain aux médecins qui viendront après moi, en les initiant sur le passé pour les éclairer dans l'avenir ; si, par cet écrit, j'aurai attiré l'attention des médecins sur cette charmante station hivernale, et j'en aurai ainsi favorisé le développement et la prospérité, je me croirai amplement rémunéré des peines et des soucis d'une vie dont la moitié a été consacrée à Menton.

Résumé des Tableaux synoptiques.

Principales maladies.

PÉRIODE DE VINGT-CINQ ANS (1850-74).

Nos	MALADIES.	Hiver.	Printemps.	Été.	Automne.
1	Fièvres synoques........	9	12	12	19
2	Fièvres typhoïdes........	4	3	4	5
3	Fièvres intermittentes ..	47	80	143	76
4	Fièvres rhumatismales..	52	10	15	17
5	Affections cérébrales....	15	17	7	26
6	Bronchites...............	52	35	17	35
7	Pneumonies.............	66	47	36	53
8	Phthisies...............	20	8	9	8
9	Gastrites, Entérites	33	33	33	29
10	Diarrhées, Dyssenteries.	9	25	42	21
11	Rhumatismes............	»	33	35	34
12	Erysipèles.............	18	13	4	8
13	Rougeoles.............	1	4	»	»
14	Varioles...............	10	11	4	3
15	Scrofules.............	2	6	»	5
16	Fractures (bras et jambes).	18	16	9	25

FIN.

ERRATA

Page 6, ligne 3, *au lieu de* suzeraineté, *lisez :* souveraineté.
 — 19, — 4, *au lieu de* Cornalès, *lisez :* Carnolès.
 — 20, — 3, *au lieu de* Turini, *lisez :* Turin.
 — 21, — 21, *au lieu de* M. Sabatier, *lisez :* Mme Sabatier.
 — 42, — 16, *au lieu de* 1867, *lisez :* 1861.
 — 63, — 8, *au lieu de* Boca, *lisez :* Bréa.
 — 71, — 2, *au lieu de* Taraldo, *lisez :* moulin Faraldo.
 — 72, — 14, *au lieu de* point, *lisez :* pont.
 — 218, — 12, *au lieu de* moyen, *lisez :* moyeu.
 — 245, — 10, *au lieu de* j'aurai, *lisez :* j'ai.
 — 245, — 12, *au lieu de* aurai, *lisez :* ai.

BIBLIOTHÈQUE NATIONALE — R. F. — IMPRIMÉS

TABLE DES MATIÈRES

BIBLIOTHÈQUE NATIONALE R.F. IMPRIMÉS

MENTON MÉDICAL

FIN DE LA TABLE.

CORBEIL, typ. et stér. de CRÉTÉ FILS.

Tableau Synoptique

des Malades entrés à l'Hôpital de Menton

Période de 1850 à 1874

Années	Militaire (1)	Civils (2) hommes	femmes	Natifs de Menton (3)	Étrangers (4)	Décédés (5)	Guéris	Total	Observations
1850	53	20	5	5	73	6	72	78	ne comprend que le 4e trimestre
1851	36	56	13	21	84	11	94	105	
1852	33	52	11	21	75	8	88	96	
1853	51	47	12	10	100	9	101	110	(1) dans la proportion du quart des entrées.
1854	44	61	21	22	104	7	119	126	
1855	18	61	29	29	79	16	92	108	(2) hommes représentent plus de la moitié des entrées. les femmes le sixième
1856	31	69	23	33	90	11	112	123	
1857	29	61	17	24	83	16	91	107	
1858	66	61	8	21	114	12	123	135	(3) l'élément mentonnais a fourni le septième des entrées.
1859	18	69	21	16	92	8	100	108	
1860	45	48	16	15	94	6	103	109	(4) l'élément étranger (italiens, suisses etc travaillant à Menton forme à lui seul les six septièmes
1861	25	21	59	10	105	9	106	115	
1862	18	24	15	14	93	9	98	107	
1863	9	67	26	24	78	12	90	102	
1864	8	101	27	30	106	13	123	136	(5) la mortalité est au-dessous de 8 pour cent.
1865	10	106	22	28	110	11	127	138	
1866	16	84	14	18	96	6	108	114	
1867	52	124	22	6	192	12	386	398	
1868	38	144	30	8	204	7	205	212	
1869	19	89	20	13	115	11	117	128	
1870	80	72	30	19	163	9	173	182	
1871	24	59	26	12	147	6	153	159	
1872	36	97	23	28	128	16	140	156	
1873	4	114	38	22	134	9	147	156	
1874	3	64	14	5	26	8	73	81	ne comprend que les 3 trimestres janvier à octobre
	816	1871	502	454	2735	248	2941	3189	

3189   3189   3189

MENTON

SOUS LE RAPPORT

CLIMATOLOGIQUE ET MÉDICAL

PAR LE DOCTEUR

JACQUES-FRANÇOIS FARINA

MÉDECIN DE LA VILLE ET DE L'HÔPITAL DE MENTON
CHEVALIER DE LA COURONNE D'ITALIE

PARIS

OCTAVE DOIN, LIBRAIRE-ÉDITEUR

2, Rue Antoine-Dubois

PLACE DE L'ÉCOLE-DE-MÉDECINE

1875

DÉPÔT LÉGAL
Seine-et-Oise
N° 261

LIBRAIRIE OCTAVE DOIN

DE PIETRA-SANTA (Prosper)

TRAITEMENT RATIONNEL

DE LA

PHTHISIE PULMONAIRE

Paris, 1875. 1 vol. in-8.............. 6 fr.

« Cet ouvrage contient l'exposition brillante et méthodique des principes soutenus par l'auteur sur la curabilité de la phthisie, et sur la nécessité d'une foi thérapeutique dans l'ensemble et l'association de plusieurs agents
curatifs.... Cet important volume devra nécessairement
figurer dans les bibliothèques médicales les plus modestes. »

(*Bulletin de Thérapeutique.*)

CORBEIL. — Typ. et stér. de CRÉTÉ FILS.